放下

李浩天 编著

煤炭工业出版社
·北京·

图书在版编目（CIP）数据

放下／李浩天编著． -- 北京：煤炭工业出版社，
2018（2024.2 重印）

ISBN 978 - 7 - 5020 - 6838 - 7

Ⅰ.①放…　Ⅱ.①李…　Ⅲ.①人生哲学—通俗
读物　Ⅳ.①B821 - 49

中国版本图书馆 CIP 数据核字(2018)第 194492 号

放下

编　　著	李浩天
责任编辑	高红勤
封面设计	荣景苑

出版发行　煤炭工业出版社（北京市朝阳区芍药居 35 号　100029）
电　　话　010 - 84657898（总编室）　010 - 84657880（读者服务部）
网　　址　www. cciph. com. cn
印　　刷　永清县晔盛亚胶印有限公司
经　　销　全国新华书店

开　　本　880mm×1230mm$^1/_{32}$　印张　$7^1/_2$　字数　200 千字
版　　次　2018 年 9 月第 1 版　2024 年 2 月第 4 次印刷
社内编号　20180356　　　　定价　38.80 元

前　言

　　"舍清溪之幽，得江海之博。"也许经历风雨，未必能见到彩虹；但不经历风雨，根本就没有见到彩虹的可能性。这就是人生的真谛。

　　对于过去，请不要耿耿于怀。对那些事念念不忘，不但于事无补，还会占据您的快乐时光。

　　放下它吧！把一切困扰我们的负面因素彻底赶出去，让心灵沐浴在明媚的阳光中。不管过去的或者正在经历的一切多么痛苦、多么顽固、多么惊险，都要冷静面对，把担忧与惊慌抛到九霄云外。不要让担忧、恐惧、焦虑和遗憾消耗我们的精力，要主

宰自己，做自己的主人。对于未来，我们要放下过去，过好今天。

学会放下，是生活的智慧，是人生的学问。人生在世，该放下时就放下，您才能够腾出手来，抓住真正属于您的快乐和幸福。

所以，在奋斗的人生中，想要成功，只有学会放弃一些东西。就像围棋骁将刘小光说的话："我觉得下棋经常不是增加点东西，而是减少点东西。"正是他的减法使他的状态一直颇佳。人生也是如此，要学会珍藏一些东西，学会放弃一些东西。

生活比你想象的要容易得多，学会适时放下！

目 录

|第二章|

悠然活在当下

|第三章|

放下执着，给自己一个机会

|第四章|

放下是一种觉悟，更是一种自由

目 录

第一章

放下是一种智慧

放下是一种智慧

　　不放弃就没有新的开始，取舍之间，很可能铸就一个巨大的成功。世界上有人能拥有一切：有获得，就必须有舍弃。其中最核心的问题就是：舍弃，保留什么。

　　百事公司在餐饮业举步维艰、困难重重之时，果断放弃了无谓的挣扎，专注于饮料业，结果大获成功，跃入世界500强企业的行列。百事公司舍弃了一个不被认可的市场，获得了在另一个市场上的巨大收益。诚然，看到自己眼前利益的损失，心里肯定不会好受，但如果把眼前的利益和大局权衡一下的话，就会发现应该下决心舍弃。

当然，舍，是要勇气的。当年拿破仑进军俄国，虽然事态已向于己不利的方向发展，却心存侥幸，没有果断退兵，结果在莫斯科遭到大败。而第二次世界大战时，法国的戴高乐鼓起勇气，全军撤至英伦，以求将来东山再起，最终战胜了德国法西斯，光复了法国。另外，下决心要果断。若错过了最好时机，决心下晚了，也可能导致巨大的损失。

拥有"中国色彩第一人"称号的于西蔓回国建立了"西蔓色彩工作室"。她将国际流行的"色彩季节理论"带到了中国，她使中国女性认识到了色彩的魅力。于西蔓在日本学习的是经济学，但她在毕业后，凭着自己对色彩的爱好，苦学了两年，取得了相关色彩专业的资格。在当时，她成为全球2000多名色彩顾问中唯一的华人。在国外，她看到了中国同胞的穿着经常引起别人的非议，每次听到这样的话，她都会产生一种强烈的感觉——要让中国人也美起来。

随后，她放弃了在国外优厚的生活，毅然回到了祖国，并于1998年在北京创办了中国第一家色彩工作室。面对中国消费群体，刚开始时，于西蔓只是凭自己的主观确定价位。

一段时间后，她发现这并不适合大多数群体，同时也违背

了她的初衷，要让所有的中国人都知道什么是色彩。于是，她又重新做了计划，降低价位，并做了很多的宣传工作，结果，取得了很好的成绩。年轻的时尚一族纷至沓来，连许多上了年纪的人也成了工作室的座上客，咨询电话也响个不停。

在总结自己的经验时，于西蔓说她成功的主要原因是懂得放弃，因为没有放弃就没有新的开始。于西蔓几次放弃了自己令人羡慕的工作，而重新开始，是因为她深深地了解自己的兴趣、特点及自身的价值。

从于西蔓的故事我们不难看出，一个人的精力是有限的，不可能把精力分散到每件事上，期望所有事情都向好的方向发展。学会适时放弃，才是成大事者明智的选择。

人生处处充满选择，关键是看你如何取舍。若发现有两种利益相矛盾之时，一定要冷静思考、权衡利弊、果断取舍，以求获得最大利益。

该放就放，当松则松，这是一种智慧，也是一种洒脱。生活并不是完美无缺的，正因有了残缺，我们才会有梦。放手也需要一种勇气，洒脱地将目光放在前方，才有可能远眺极致的风景。

生命如旅行，若蜗牛负重，怎能上阵？唯有抛却肩头挂碍，步履才能走得轻松。所以放下是智慧之举，是智者生存的至上境界，人若能把浮名换作浅吟低唱，便可摆脱一切烦赘，人生得以升华。

有时候，生命无须如此负重，生命也可以变得简单轻松。放下，是一种选择，而且会因此产生更多的选择。

弦紧弓断

　　每个人来到这个世界上，都希望将自己尽可能多的美好梦想变为现实。于是，在人生路上漫步时，我们犹如天真的孩童，总是瞪大好奇的眼睛期待珍宝的出现，并在行走中欣喜地将它拾起。

　　人生经历的行囊，在不断地捡拾中变得越来越重，直到我们举步维艰。是断然放弃，还是继续珍藏？这是我们每个人都不可避免的难题，是每一个想前行的人都要遇到的麻烦。放弃，也是一种伤感的美丽……如果曾经的心情宛如一个行者，孤身踯躅在无边的大漠，迎着风沙漫漫，在艰难地跋涉。远

处，残阳如血。抬眼望，遥远的一线天际空旷而寂寥，周身弥漫的是一种孤苦和凄凉。当情绪低落到极点，为何不去处理自己的问题，为何不去把行囊中的抑郁放弃？也许曾经收入行囊时，它们对我们来说是值得珍视的，是给我们带来了无边的欢愉。但随着岁月的流转，随着光阴的飞逝，当它们的存在只会触痛我们的伤痕，它们的出现只能给我们留下黑夜辗转难眠时无声的泪水，为什么还要保存着它们？放弃它们，打开尘封已久的行囊，把它们倾倒出来！也许，这会使我们痛苦，但是，放弃之后你会发现，心会如此灵动，情会如此轻松。

　　人生不可避免的缺憾，你怎样面对呢？逃避不一定躲得过，面对不一定最难受；孤单不一定不快乐，得到不一定能长久；失去不一定不再有，转身不一定最软弱。别急着说别无选择，别以为世上只有对与错，许多事情的答案都不是只有一个。换种思维，也许有另外的收获。

　　人生有太多的事情要我们去做，我们不必为了一件事把自己弄得千疮百孔，不是说为一件事付出一切不好，不是说为一件事专心致志不好，不是说为一件事认真努力不好，而是说让你累了懂得休息，脑子乱了懂得调整，感觉紧绷时不舒服了就松一松。这样才能更好地全心为事情努力，才能更快地获得成

功!

人总有太多欲望,面对事情总想一次就能成功,可是越是着急,就越是适得其反,如果把一根筋放到一点上,不能放下,只急着想要自己喜欢的东西,到最后只能干着急干瞪眼,结果可想而知。

一个很喜欢开车的年轻小伙子,但是苦于自己没有驾照,看着别人都开着车在马路上狂奔,他的心就跟针扎一样难受,为了能够早早地也像那些人一样,他努力地学着开车,可是总是学不会。

教他开车的老师经常告诉他,不要那么着急,慢慢来。他很是生气,觉得老师没有好好教他,那些和他一起来的人都拿到了驾照,可是自己到现在也不入门,他是又急又气,把所有怨气都发在老师身上,可是越是这样他越是学不会。

刚开始他还十分兴奋,可是渐渐地没有精神,变得无精打采,后来连拿把手的力气都没有了。朋友都说他生病了,只得让他放弃学车,到医院看病。在朋友的劝告下他走进了医院,主治大夫问他:"哪里不舒服?"

小伙子答道:"不知道,我好像没生病!"

医生很奇怪，看着小伙子像生病了，可是也没有发现哪里有病。后来一想，他觉得这个小伙子肯定是得了心病，就放下手中的医具开始跟他聊天。

医生问道："你最近在干些什么？"

小伙子答道："我最近学开车，可是学到现在还是什么也不会。"

医生问："为什么？"

小伙子答道："我只想着一天就把开车给学会，拿到驾照，可是学来学去就是学不成！"

医生明白了小伙子病在哪儿了，他不着急，只是很从容地拿了一个茶杯，倒了很烫的一杯热水让他喝，小伙子不禁愣了，说道："这么热，我怎么喝啊？"

医生哈哈大笑道："茶热了你都知道没办法喝，冷上一冷，为什么开车都不知道慢慢来，干吗非得一下子就要成功呢？"

小伙子明白了医生的话，高高兴兴地回家去了，第二天又去学开车，一天只记一点点，渐渐地他终于可以把车驶入马路

中了。

常常希望在最快的时间里能做好一件事，但是有些事并不是说很快就能做好的，为了那种不切实际的想法把自己处于极度紧张的状态中，弄得自己到最后累得筋疲力尽，还什么也没有学好。

做人以平常之心对待周围的事物，该怎么学就怎么学，累了就适当地去休息一下，不必操之过急，让我们懂得享受生活，在追求的过程中体验那种喜悦，那种快乐。懂得放下急躁，放下欲望，乐观对待人生。

放下，才能享受生活

做事有张有弛，做人要顺其自然，生命本就脆弱，不必为明天的事急于奔波。放下不是说让你忘记一切，懒散做事，每个人的明天都是靠自己创造，但是没有必要一天就干完一生的事情，而是要你懂得以平常之心做该做之事，累了就休息，饿了就吃饭，工作的时候就该认真对待。

弦紧弓必断，欲速则不达。凡事都不必强求，心急吃不了热豆腐，不是说想要就能获得，如果把一件事看得太紧，想要立刻就能实现，这显然很不切实际。在我们为这种心态而着急、烦闷的时候，不妨放下心来，不要一直去关注，说不定就

会有意想不到的结果。

累了试着放下负担过重的包袱，坐下来歇上一歇，困了试着放下疲惫，躺在床上休息一下。生活其实很简单，做人没有那么难，凡事看开一些，知足一点，适度地给自己放个假，不要视放下为一种不负责，其实放下才是一种大智慧，放下才能得到更多。

不要把自己弄得太紧张，不必为了一件事而影响了所有的心情，感觉自己的脑子混乱了就停下手中的事情，端起一杯清茶，唱起快乐的歌曲，望望窗外的绿树红花，听听自然的心声，学会放下，把每一件事都当作一种享受，而非折磨。

人们习惯于对爬上高山之巅的人膜拜，实际上，能够及时主动从光环中隐退的下山者也是英雄。有多少人把"隐退"当成"失败"。曾经有过非常多的例子显示，对那些惯于享受欢呼与掌声的人而言，一旦从高空中掉落下来，就像是艺人失掉了舞台，将军失掉了战场，往往因为一时难以适应，而自陷于绝望的谷底。

心理专家分析，一个人若是能在适当的时间选择做短暂的隐退(不论是自愿还是被迫)，都是一个很好的转机，因为它能让你留出时间观察和思考，使你在独处的时候找到自己内心真正的世界。唯有离开自己当主角的舞台，才能防止自我膨胀。虽然，失去掌声令人惋惜，但往好的一面看，"隐退"就是进行深层学习，一方面韬光养晦，一方面重新上发条，平衡日后的生活。当你志得意满的时候，是很难想象没有掌声的日子的。但如果你要一辈子获得持久的掌声，就要懂得享受"隐退"。作家班塞说过一段令人印象深刻的话："在其位的时候，总觉得什么都不能舍，一旦真的舍了之后，又发现好像什么都可以舍。"

曾经做过杂志主编，翻译出版过许多知名畅销书的班塞，在40岁事业最巅峰的时候退下来，选择当个自由人，重新思考人生的出路。

40岁那年，欧文从人事经理被提升为总经理。3年后，他自动"开除"自己，舍弃堂堂总经理的头衔，改任没有实权的顾问。正值人生最巅峰的阶段，欧文却奋勇地从急流中跳出，他的说法是："我不是退休，而是前进。""总经理"3个字对多数人而言，代表着财富、地位，是事业身份的象征。然而，短短3年的总经理生涯，令欧文感触颇深的是诸多的"无可奈何"与"不得而为"。他全面地打量自己，他的工作确实

让他过得很光鲜，周围想巴结他的人更是不在少数，然而，除了让他每天疲于奔命，穷于应付之外，他其实活得并不开心。这个想法，促使他决定辞职，"人要回到原点，才能更轻松自在。"他说。辞职以后，司机、车子一并还给公司，应酬也降到最低。不当总经理的欧文，感觉时间突然多了起来，他把大半的精力拿来写作，抒发自己多处在广告领域的观察与心得。

"我很想试试看，人生是不是还有别的路可走。"他笃定地说。

事实上，欧文在写作上很有天分，而且多年的职场经历给他积累了大量的素材。现在欧文已经是某知名杂志的专栏作家，期间还完成了两本管理学著作，欧文迎来了他的第二次人生辉煌。

事实上，"隐退"很可能只是转移阵地，或者是为了下一场战役储备新的能量。但是，很多人认不清这点，反而一直缅怀着过去的光荣，他们始终难以忘记"我曾经如何如何"，不甘于从此做个默默无闻的小人物。

走下山来，你同样可以创造辉煌，同样是个大英雄！一个不受过去干扰的人，就像画家手中的一张干净的纸，更能画出

美妙的图画来。因为是崭新的开始，就需要付出全部的努力，需要认真地对待，需要一丝不苟地去应对每一个环节和细节，这样往往更能把事情做好。

所谓智者千虑，必有一失，愚者千虑，必有一得，不必为一点的差错或失误就去抱怨自责，什么时候都会有失误的时候，错了那肯定是我们该休息了，不妨静下心来去换一种心情打破这种沉闷，体悟人生。

世界因太阳而明媚，因月亮而浪漫，人生有苦有甜，所以我们不必为那些痛不可自拔，面对压力如果绷得紧了就松一松弦，如果感觉累了就适当地休息一下，不是说放下了就是懒惰，不是说放下了就是不思进取，记得放下是个调料剂，它只会为生活增添情趣，带来快乐。放下是颜料，只会给生活增添光彩，带来欢声笑语。

人为了工作，为了生活，为什么要把自己弄得像枝凋谢的花朵一样，没有一丝生气。要知道汽车跑的时间长了还会停下加加油，太阳累了还会让月亮换着上，我们又何必为一件事而不得闲呢？

坦然面对一切，万事切莫勉强，一切顺其自然，时间匆匆过，笑声常相伴，做人就要活出生命的无限精彩：不为一片落

叶而哭泣,不把森林珍藏在心里;不因河水干涸而烦恼,不把海洋珍藏在心中;不为分离而痛苦,懂得自我协调,活出一份闲谈,懂得一份释然。

生命之旅路漫漫,不要过于看中结果与输赢,过程中享受人生,细节中珍惜生命,必要时候学会自我调节,让生命活得有张有弛,活得精彩!

放下不满

有位青年，厌倦了生活的平淡，感到一切只是无聊和痛苦，为寻求刺激，青年参加了挑战极限的活动。

活动规则是：一个人待在山洞里，无光无火亦无粮，每天只供应5千克水，时间为整整5个昼夜。

第一天，青年颇觉刺激。

第二天，饥饿、孤独、恐惧一起袭来，四周漆黑一片，听不到任何声响。于是，他开始向往平日里的无忧无虑。他想起了乡下的老母亲不远千里地赶来，只为送一坛韭菜花酱以及小孙子的一双虎头鞋；他想起了终日相伴的妻子在寒夜里为自

己掖好被子；他想起了宝贝儿子为自己端的第一杯水；他甚至想起了与他发生争执的同事曾经给自己买过的一份工作餐……渐渐地，他后悔起平日里对生活的态度来：懒懒散散，敷衍了事，冷漠虚伪，无所作为。

到了第三天，他几乎要饿昏过去。可是一想到人世间的种种美好，便坚持了下来。第四天、第五天，他仍然在饥饿、孤独、极大的恐惧中反思过去，向往未来。

他责骂自己竟然忘记了母亲的生日；他遗憾妻子分娩时未尽照料义务；他后悔听信流言与好友分道扬镳……他这才觉出需要他努力弥补的事情竟是那么多。可是，连他自己也不知道，他能不能挺过最后一关。此时，泪流满面的他发现：洞门开了。阳光照射进来，白云就在眼前，淡淡的花香，悦耳的鸟鸣——他又迎来了一个美好的人间。

青年扶着石壁蹒跚着走出石洞，脸上浮现出了一次难得的笑容。5天以来，面对孤独与绝望，他感受到了活着的分量，一切的抱怨，一切的不满，全都化为了浓浓的感恩：感恩父母；感恩亲朋；感恩，仅仅因为"活着"。5天以来，他一直用心地

呢喃着一句话，那便是：活着，就是最大的幸福。

　　活着，就像每天呼吸的空气，不经意间，不易察觉。生活中所有的烦恼，所有的不满，就像浓稠的迷障，让你触摸不到生活的真切内涵。只有放下种种的不满，敞开自己的心扉，积极地对待生活中的每一天，你才能好好地活着，才能感受到生活的美好，才能享受到幸福的真谛。

　　例如，外貌是一个人的名片，它决定了人们对你的第一印象。因而，人们往往会花很大的力气去追求美丽的外表。正所谓爱美之心人皆有之，追求美丽固然没有错，然而太在意自己的外表，如果过度看重外貌而放不下，则会使自己的心受累，有时候反而会成为一种负担，助力不成反成阻力。

　　桃乐丝身高不足1.55米，体重却达到了62公斤。她唯一的一次去美容院的时候，美容师说桃乐丝的脸对她来说是一个难题。然而桃乐丝并没有因为以貌取人的社会陋习而烦忧不已，她依然十分快乐、自信、坦然。其实最初桃乐丝并不像现在这样乐观，那么是什么改变了她呢？

　　桃乐丝还记得自己第一次跳舞时的悲伤心情。舞会对女孩子来说意味着一个美妙而光彩夺目的场合，正值青春妙龄的桃

乐丝对这样的场合自然充满幻想和期待。那时假钻石耳环非常时髦，桃乐丝为了准备那个盛大的舞会练跳舞的时候总是戴着它，以至于她疼痛难忍而不得不在耳朵上贴了膏药。也许是由于这膏药，舞会上没有人和她跳舞，桃乐丝在那里整整坐了一个晚上。当她回到家里，桃乐丝告诉父母亲，自己玩得非常痛快，跳舞跳得脚都疼了。他们听到桃乐丝舞会上的成功都很高兴，欢欢喜喜地去睡觉了。桃乐丝走进自己的卧室，撕下了贴在耳朵上的膏药，伤心地哭了一整夜。夜里她总是想象着，在100个家庭里，孩子们正在告诉他们的家长：没有一个人和他们的老师跳舞。

有一天，桃乐丝独自坐在公园里，心里担忧如果自己的朋友从这儿走过，在他们眼里她一个人坐在这儿是不是有些愚蠢。当她开始读一段散文时，读到有一行写到了一个总是忘了现在而幻想未来的女人，她不禁想："我不也像她一样吗？"显然，这个女人把她绝大部分时间花在试图给人留下印象上了，而很少有时间过她自己的生活。在这一瞬间，桃乐丝意识到自己数年的光阴就像是花在一个无意义的赛跑上了。她所做

的一点都没有起作用，因为没有人注意她。从此，桃乐丝完全改变了自己。

桃乐丝领悟到了一种真谛。世间的许多人却依然迷失于对容貌的无止境地追求中，甚至采取一些极端的手段，不觉间忽略了生活中的许多美好。能够拥有美丽的外表固然令人爱慕，然而外表不是最重要的东西，它仅仅是人生中的一种修饰，过分追求外表，让外表来支配你的喜怒哀乐，则无异于买椟还珠，可惜，可叹，甚至可悲。

天生我材必有用。每个人都有自身与众不同的气质和特点，正是这些独特之处，构成了你生而为人的价值。切莫因为不尽如人意的外表而妄自菲薄，切莫因为不及他人的外貌而自哀自怜，这样只能使你一路遭遇困境，为外表所累，期期艾艾地度过一生。只有自信而快乐地做自己，展现真我，展示个性，方能拥有优雅而从容的人生。

一位名人去世了，朋友们都来参加他的追悼会。昔日前呼后拥、香车宝马的名人躺在骨灰盒里，百万家财不再属于他，宽敞的楼房也不再属于他，他拥有的只有一个骨灰盒大小的空间，一切都化成了一把灰烬。

　　从名人的追悼会上回来，几乎每一个人都感慨万千。那么聪明的一个人，那么会算计的一个人，每一个曾经与他斗的人最终都败下阵来，可是他斗来斗去也斗不过命。撒手人寰以后，一切都是空。

　　追悼会对人们进行了一次洗礼。人们想：趁现在好好活着吧，活着就是幸福，什么利、权、势，轰轰烈烈了一世，最后还不是一个人孤零零地走路？从前绞尽脑汁、机关算尽，面目狰狞地往上爬，值吗？

　　从死亡的身边经过以后，才知道活着是多么幸福。可是，明天，每个人还是要忙忙碌碌地奔波与生活。一边是死亡的震撼，一边是活着的琐碎。我们很容易被死亡震撼，然而我们更容易被活着的琐碎淹没。不要去在意那些繁杂的纠葛、苦痛与伤害，放下一切嘈杂的琐碎与不满，好好珍惜现在鲜活的生命吧，只有这样，才能够触摸到生活的本质，只有这样，才能寻找到最大的幸福。请相信，活着，便是最大的幸福。

　　冯友兰先生在《三松堂全集》中曾说："凡物各由其道而得其德，即是凡物皆有其自然之性。苟顺其自然之性，则幸福当下即是，不须外求。"意思是只要我们顺着自己的本性而不

枉自攀比，不向外强求，我们获得的很多东西将使我们感受到幸福，一旦我们陷入了贪婪之中，总是和别人比较，我们是不会感到幸福的。

生活中，很多事情让我们感觉不舒服，好像从来就不曾满足过，幸福的滋味好像只在梦里似有似无地出现过。其实，是自己贪婪的欲望在作怪，只要你静下心来，思考一下如果自己不那么贪婪，那么幸福就在身边。

从前，在蓝蓝的大海深处，矗立着一座神秘的宝山。无数色彩斑斓的珠宝钻石乱纷纷地堆在山上，每逢太阳一出，就在半空中映出许多纵横交织的彩色光环。

某年，一个出海的人偶尔经过宝山，从那里拿走一颗直径一寸的珍珠。他把这颗珠子小心地揣在怀里，然后兴高采烈地乘船返回。船驶出不到100里，忽然，晴朗的天空倏地阴暗下来，平静的海面掀起山丘似的波澜。这时只见一条狰狞恐怖的蛟龙从海水深处破浪而出，在涛峰波谷之间翻腾飞舞。

富有航海经验的船长大惊失色，急忙停住舵把，对身上揣着珍珠的人说："哎呀，不好！这是蛟龙想要你的珠子呢！快献给它吧，不然的话，别说你的性命难保，还得连累全船的

人！"

　　揣着珍珠的人犹豫起来，把珍珠丢掉吧，实在舍不得；不丢掉吧，就要大难临头。思来想去，他还是决定保住珍珠。于是，他咬牙忍痛，用利刃剖开大腿的肌肉，把珍珠藏在里面。珍珠被肉紧紧裹住，光芒透不出来，蒙骗了蛟龙，蛟龙于是潜入海底，海面也随之平静下来。

　　那人一瘸一拐地回到家，从大腿里取出宝珠。珠子完好无损，闪闪的光芒把屋子映照得五彩缤纷。正当全家人惊喜地赞赏宝珠的时候，那人却痛苦地合上了双眼——大腿的溃烂夺去了他的生命。

　　这就是贪婪带来的后果，生活中，我们想要这个或那个，如果不能得到我们想要的，我们就不停地去想我们所没有的，并且有一种不满足感。

　　冯友兰先生在《我的日子还长》中，就曾形象地描述了他所获得的幸福："我的日子还长，所谓的幸福之事不好现在总结。不同的年龄段有不同的对幸福的定义，不同的场合也有不同的幸福的内容。最近可以一说的幸福是和亲戚到了绿洲家园，看到一片空地上盖着许多两层的房子，很多房子像童话里的城堡，颜色各异。那天的天气极好，所以感觉像在好莱坞的画面里，和所说的'面朝大海，春暖花开'也差不多了。我看着这些房子，感觉很幸福，之所以感觉幸福，是因为我可以给自己设定一个比较遥远的目标，那就是我将来也要有这样的房子。"这就是冯友兰先生心中的幸福，是那么简单，看着漂亮的房子也能感到幸福，为自己将来拥有这样的房子的理想而感到幸福。可见知足常乐，简简单单的生活最能使我们获得幸福。

　　想抓住的太多，而得到的又太少，如何是好？看来只有知足常乐，幸福的花朵才能躲避贪婪的暴雨，在微风细雨的滋润中鲜艳地绽放。

放下虚荣

　　四月的洛阳城，开满了雍容华贵的牡丹，四面八方的人们纷至沓来，只可惜，花开花落，终究摆脱不了一岁枯荣的命运。人们的虚荣正如那一时的争艳，忘我地享受着众人欣赏的目光，过后将是无尽的冷遇。

　　花开到奢靡，就会影响之后果实的生长，甚至成为无果之花，虚荣岂不同样如此？在花开之后却没有果实作为回报。

　　还记得中学语文课本中的那篇《项链》吗？马蒂尔德为了在舞会上让自我的虚荣心得到满足，于是向富贵的朋友借了一条"价值不菲"的项链作为装饰。她成功了，在舞会上她成为

全场的焦点，大放异彩。然而大喜之后的大悲让她始料未及，项链在舞会结束之后丢失了。马蒂尔德用尽了余生的精力，只是为了偿还朋友的这条项链，谁知道命运捉弄人，原来这条"价值不菲"的项链居然是假的。在弄清事实之后，马蒂尔德也已经年老沧桑。

莫泊桑用他那短小精悍的文章告诫人们虚荣心的可怕，它就像蛀虫一样侵蚀着人们的身心。很多年轻貌美的女性，让自己的青春白活在衣着的鲜亮之中。她们没有身心的修养，没有文化的充实，没有灵魂的洗涤……有的只是光鲜亮丽的外表。这样的女性在容颜渐失之后又有什么呢？虚荣带给自己一时的光彩，却让自我丧失了一世的聪慧。

在一个由鸟儿建立起的王国里，每只小鸟儿都认为自己比其他鸟儿漂亮，它们也常常因此而争吵不休。一天，上帝由于受不了这样的吵闹，于是就宣布："我要在你们中间选出一只最美丽的作为鸟王！在此之后，不得有任何一只鸟儿再为美丽而喋喋不休！"

小鸟儿们为了争夺王冠而修整着自己的羽毛，直到打扮得十分漂亮为止。这时候，在河边徘徊的乌鸦也想要坐上鸟王

的宝座。于是，它捡起了其他鸟儿落下的羽毛，插在了自己身上，等到美丽的羽毛插满了全身之后，乌鸦探着头往河里一看："天哪！我居然也变成一只美丽的小鸟儿啦！"

选举的日子终于来临。在众多鸟儿之中，乌鸦显得格外引人注目。上帝问乌鸦："你是什么鸟类啊？竟然如此漂亮，我决定封你为王。"乌鸦听到这句话后兴奋不已。然而，就在这个时候，鸟儿们发出了异议。一只鸟儿发现乌鸦的身上插着自己的羽毛，于是就上前将其拔下。之后又有其他的鸟儿接连地从乌鸦身上拔下了自己的羽毛。到最后，乌鸦全身又是一片漆黑。乌鸦羞愧无比，匆忙地躲进树丛中去了。

本来想要炫耀自我，结果却失了身份。乌鸦在无趣之中现了原形，最终成了整个鸟王国的笑柄。就像乌鸦身上的彩色羽毛一样，虚荣一旦被暴露，丢失的不仅是外表，而且是自我的尊严。莎士比亚说："爱好虚荣的人，用一件美丽的外表遮掩着一件丑陋的内衣。"这不正是乌鸦的所作所为吗？

与其为了虚荣而注重外表的修饰，还不如潜下心来充实自我的心灵。伟大的寓言家伊索说过："向往虚构的利益，往往会丧失现在的幸福。"在期望不可能尽善尽美的同时，人们反

而会失去本可得到的美好的东西。花开是美丽的，但是过于浮华很可能就会一无所有。我们不能为了博得他人一时的赞美而丢失了精神中最可贵的真挚，不能让虚荣占了上风。

放下欲望

　　某天，老板把你叫到办公室，给你发了个价值不菲的红包，并且对你说，因为这段时间你的工作成绩突出，公司决定专门给你一人发奖金。老板同时再三叮嘱："这是给你一个人的，千万不要对别人说啊。"拿着沉甸甸的红包，一种成就感和幸福感油然而生。可很快你就发现，老板不仅给其他人也发了红包，而且有些人的红包比你的还大，于是拿到红包的幸福感还来不及回味，便很快转而陷入一种失落和痛苦中。

　　你的生活中是否也发生过类似的事情？其实，一个人幸福不幸福，不仅取决于个体获得的满足感，还取决于和他人的比

较。通过比较，既得的满足感和初始的欲望就会发生变化。比如，你初始的欲望是想将草房盖成瓦房，按说当你将草房换成瓦房时，应该感到幸福，但这时你发现邻居正在盖楼房，于是刚刚涌起的幸福感便随之消失，你想盖起比邻居更高的楼房。欲望膨胀，来源于和他人的比较，是人不幸福的根源。放不下内心的欲念，幸福从何而来？

在常见的植物中，最让人心动的就是向日葵了。它每天都抬起笑脸面对着太阳升起的方向，享受着阳光的恩泽。它从不害羞地躲在一个阴暗的角落，"日光浴"是它们面对生活的唯一态度。而我们常常会有害羞的时候，由于这没有必要的害羞，错过了很多次机遇，生命的恩惠好像总是擦肩而过，与其说在后悔里自责，我们倒不如向可爱的向日葵学习它敢于面向太阳的精神，大大方方地面对生活中的事情，把害羞的阴影统统留在身后。

中国古代评价美人时喜欢用"轻声细语、美目流转、顾盼生辉"等词语，俨然一股羞答答之风；书生儒雅只是也免不了儒衫轻垂、温婉秀美。这正应了才子佳人爱情故事的标准，曾一度成为一种爱情理想。看来，害羞也无损他们作为审美的标准，有时，反而会成就了"发乎于情，止乎于礼"的道德标

准。所以，自古以来害羞就是一种很常见的心理，任何人都可能会害羞，但是，时过境迁，人们的审美口味发生了变化，时代的发展对人的性格要求也发生着变化，一味地没有限度地害羞已经成了阻碍人们交流的障碍，也就成为人们追求幸福的障碍，因为害羞会让人无止于思考而无行动，所以，现在更需要敢于站出来做事的人。

就像向日葵面对着太阳能较多地享受阳光那样，那些大方爽朗的人则会有更多的表现自己，施展才华的机会，所以，我们生于此，也要适应于此，就要大胆地去接受这个社会的新法则。当然，害羞还会如影随形，只有靠我们的主观努力才能克服这害羞心理，让它从此隐遁，所以，我们首先要积极地看待自己，抛弃那些对自己消极的评价，永远保持着自信的姿态，我们没有明星般的脸蛋，但我们可以给自己装饰上甜蜜的微笑；我们没有用之不尽的金钱，我们可以给予金子般的真诚，却可以恒久地占据朋友的内心。只要我们想起自己拥有这些也会觉得很富足时，那么害羞的阴影就会被自信照射得变短一些，直至消失。拿自己之短比别人之长，只会让我们更羞于前行。

当然这需要慢慢地培养，只有在做好充分准备的前提下，才会有好的表现，才会真正战胜自己的害羞。你不妨试着扩大自己的影响范围，哪怕是面对着空旷的原野呼喊，也不要在自己的心里一遍又一遍地重复想说的话，不要刻意逃避，试着去经历一些事情，才会让自己一次次地将拳头挥向它时，它就会变得软弱无力，也就不会再影响到你。

不要再做一朵羞答答的玫瑰了，现实里的铿锵玫瑰更有一种别样的魅力。现在起，周末休息时，不要再因为怕人而拒绝朋友热情的晚宴；当领导提出问题时，也别因为考虑是都能够回答得最好而沉默不语；当面对心仪之人的背影时，别因为一时的被拒绝而黯然神伤，在原地看着背影远去；在领导需要毛遂自荐的人才时，别因为害怕尝试而看着机遇失去。

其实，只要把害羞的心理藏起来，把自己呈现给生活，把自己展示给他人，就一定能给自己带来好运。面对生活，在关键的时候，只需转一下神，把害羞的阴影抛在身后，就会得到一片新的天空。

《巴尔的摩哲人》的编辑亨利·路易斯·曼肯曾说过，"财富就是你比你妻子的妹夫多挣100美元"。行为经济学家说，"我们越来越富"，但并没有觉得更幸福，原因是我们老是拿自己与那些物质条件更好的人比。电话发明以前，人们不用电话照样可以生活得很快乐，但现在如果没有电话，你和别

人沟通的范围就会受限制，所以没有电话的人就想拥有一部自己的电话。在过去，没有车照样可以出行，但现在，你不得不挤公共汽车，不得不为买火车票而焦头烂额。再从教育上看，若在过去，不上学也不是不能生活，但现在每个人都在尽最大的努力，上更好的学校，为的就是获得比别人更好的社会通行证和更强的生存能力。社会的发展，让我们的欲望不断疯长，也让人们的内心充满了焦虑。现代社会整体发展了，即使最穷的人，也比古代一般的富人生活优越。有人曾做过比较，说现在一般家庭都用上抽水马桶了，而无人匹敌的古罗马帝国国王当时只能蹲石板砌成的茅坑。可尽管如此，有些人还是不满足。

　　对此，我们不仅要思考，幸福到底是什么，或许，它不是丰饶的财富，不是便捷的安逸的生活，不是物质上的丰足，而仅仅是内心的安适和满足。

　　生活中很多人常以"比上不足，比下有余"而自慰。比上，我们会感到痛苦；比下，我们会感到幸福。而我们下面的人，则因和我们比上而痛苦。从这个意义上说，一个人的幸福，建立在他人的痛苦之上；而一个人的痛苦，则屈居在他人的幸福之下。从古至今，多少哲人用心思索过幸福的真谛，描绘幸福的奇幻绚丽，如果幸福的本质即是"比较"，那么人类该有多么可悲。人生在世，往往易被外物牵引，古人告诉我们应当"不以物喜，不以己悲"，然而真正达到此境界的又有几人？我们总是放不下对利益的追逐，放不下对欲望的渴求，通过比较，我们活着寻求安慰，活着自惭形秽，殊不知，幸福需要自己来成全，学会放下，才能寻找到真正的幸福。

放下我执

对于自我的执着，我们已经学习了很久；可是对于我的认识，才刚刚开始。这是一场力量悬殊的战争，但我们的优势是"自我"是一只纸老虎，而"无我"是真理。

在社会上，无论走到哪里，不用留心，我们就经常能够听到诸多如此类的抱怨："我太羡慕小王了，他在外企工作，一个月的薪水抵得上我三个月；我要是老高多好，娶了个市委书记的妹妹；我儿子有邻居家小孩那样乖就好了……"有人羡慕别人的高位，有人羡慕别人的钱财，有人羡慕别人帅气的外表。

事实上，偶尔有羡慕之心是很正常的，但是，如果总是拿别

人的长处和自己的短处比，那么，你真的只有抱怨的份儿了。

做自己最好，这是放在哪个年代都错不了的真理！

上帝经常听到尘世间万物抱怨自己命运不公的声音，于是就问众生："如果让你们再活一次，你们将如何选择？"

牛："假如让我再活一次，我愿做一只猪。我吃的是草，挤的是奶，干的是力气活儿，有谁给我评过功，发过奖？做猪多快活，吃罢睡，睡了吃，肥头大耳，生活赛过神仙。"

猪："假如让我再活一次，我要当一头牛。生活虽然苦点，但名声好。我们似乎是傻瓜懒蛋的象征，连骂人也都要说'蠢猪'。长大了还要被人杀死吃肉。"

鼠："假如让我再活一次，我要做一只猫。吃皇粮，拿官饷，从生到死由主人供养，时不时还有人给他送鱼送虾，很自在。"

猫："假如让我再活一次，我要做一只鼠。我偷吃主人一条鱼，会被主人打个半死。老鼠呢，可以在厨房翻箱倒柜，大吃大喝，人们对它也无可奈何。"

鹰："假如让我再活一次，我愿做一只鸡，渴有水，饿有米，住有房，还受主人保护。我们呢，一年四季漂泊在外，风吹雨淋，还要时刻提防冷枪暗箭，活得多累呀！"

鸡："假如让我再活一次，我愿做一只鹰，可以翱翔天空，任意捕兔捉鸡。而我们除了下蛋、司晨外，每天还胆战心惊，怕被捉被宰，惶惶不可终日。"

女人："假如让我再活一次，一定要做个男人，经常出入酒吧、餐馆、舞厅，不做家务，还摆大男子主义，多潇洒！"

男人："假如让我再活一次，我要做一个女人，上电视、登报刊、做广告，多风光。即使是不学无术，只要长得漂亮，一句嗲声嗲气地撒娇，一个朦胧的眼神，都能让那些正襟危坐的大款神魂颠倒。"

上帝听后，大笑起来，说道："一派胡言，一切照旧！还是做你们自己吧！"

人们总渴望获得那些本不属于自己的东西，而对自己所拥有的不加以珍惜。其实，每一个生的个体之所以存在于这个世界上，自有他存在的意义；每一个人所得的上帝一样不会少给，不该得的，绝不会多给。因此，安心做自己，才是智慧的人。

如果总是把目光盯在别人身上，抱怨别人拥有的太多而自己所得的太少，就会在失去做自己的同时，也失去了做人的快乐。

不要总是羡慕别人，安心做好最好的自己让别人羡慕！如

果你是教师，就尽职尽责地去教好每一节课。如果你是工人，就努力生产最好的产品。如果你是管理者，就让公司健康地发展。

隋开皇十二年，有位沙弥，名道信，14岁前来礼谒三祖僧璨大师。初礼三祖，道信禅师便问："愿和尚慈悲，乞予解脱法门。"三祖反问道："谁缚汝？"道信答："无人缚。"三祖道："何更求解脱乎？"道信禅师问言，当下大悟。在这段公案中，道信禅师领悟到没有什么外在的东西束缚了他，束缚在其内心。佛法便是为人去黏解缚，唤回自由澄澈的本性。

束缚源自人们自己的心。由于我执，人们颠倒妄想，活在虚幻的噩梦中，枉受生死轮回。殊不知，四大假合之身不是我，念头不是我，妄想不是我，人们一直执着的我其实根本就是无明造作，空无一物的。但是，人们看不透这一点，又明明感到了内在的空虚，便拼命用外在无常的事物来填充"我"的幻想。这的确非常荒谬。这就好比人和虚空作战，无论它怎么向虚空挥拳，却无法打败虚空。我本来就是空的，如果你一定执着为有，不管你怎么填，怎么补，它终究是空的。只是，珍贵的生命却被虚妄的我执白白浪费了。

《金刚经》上说，人有四种对自己的执着：我见、人见、

众生见、寿者见。我见，便是认为自己的都是好的，自己做的都是对的；人见，即是认为他人的所作所为都是不对的；众生见，即是看不起他人，认为自己比别人高明；寿者见，即认为我们这个身段是实际存在的。这就是我执的含义。我执构成了错误的人生观，使我们看不清自己的真实性情，于是便产生了无明，烦恼也由此产生。

由于我执，每个人都只看重自己的利益，而不看别人的处境。为了名利，尽心竭力，机关算尽，让自己终日生活在不安和焦虑当中。未得到的要努力把它变为现实，已得到的又害怕失去，人的一生便就是在这得与失的计较当中白白耗尽。

密宗修行者把"我执"比喻成有毒的果子，而毒性越强烈的果子，外表就越是美丽。如果我们仅仅为世俗的表象所迷惑，而看不透美丽背后隐藏的毒素，那后果是十分危险的。

其实，生命的过程中有所不舍是很正常的，没有一个人会一生无憾，重要的是不要使那种执着成为我们生命中的主导，而应该让其成为我们生命中的动力，以坎坷来增长我们的智慧，培养我们的能力，如此才能获得真正快乐的源泉。

放下"阴暗面"

　　生活中，每一个人都不可避免地会经历幸福时的欢畅、顺利时的激动、委屈时的苦闷、挫折时的悲观和选择时的彷徨，这就是人生。人生就是一碗酸甜苦辣咸五味俱全的汤，每种滋味都有可能品尝。

　　然而，人生并非只是一种无奈，而是可以由自身努力去把握和调控的。做最阳光的自己，人生就可以操之在我。

　　放弃人生的某些东西，一定会给心灵带来痛苦。我贪恋风驰电掣，不肯放弃一时的快感，来换取转弯时的平衡，最终让我体会到：失去平衡，远比放弃更为痛苦。我想不管是谁，经

过人生旅途的急转弯，都必须放弃某些快乐，放弃属于自己的一部分。回避放弃只有一个办法，那就是永远停在原地，不让双脚踏上旅途。

相当多的人都没有选择放弃，他们不想经受放弃的痛苦。的确，放弃可能带来不小的痛苦。需要放弃的部分，有着不同的规模和形态。此前，我谈论的只是小规模的放弃——放弃速度、放弃发怒、放弃写演说辞式的感谢信，类似的放弃不会带来太大的痛苦。放弃固有的人格、放弃根深蒂固的行为模式或意识形态甚至整个人生理念，其痛苦之大可想而知。一个人要想有所作为，在人生旅途上不断迈进，或早或晚，都要经历需要放弃的重大时刻。

一天晚上，我想好好陪伴10岁的女儿。最近几个星期，她一直请求我陪她下棋，所以，我刚刚提议同她下棋，她就高兴地答应了。她年纪小，棋却下得不错，我们的水平不相上下。她第二天得去上学，因此下到9点时，她就让我加快速度，因为她要上床睡觉了，她从小就养成了准时就寝的习惯。不过，我觉得她有必要做出一些牺牲，我对她说："你干吗这么着急呢？晚点儿睡，没什么大不了的。""你别催我啊，早知道

下不完，还不如不下呢！何况我们不是正玩得高兴吗？"我们又坚持下了一刻钟，她越发不安起来。最后，她以哀求的口气说："拜托了爸爸，您还是快点下吧。"我说："不行，下棋可是严肃的事，想下好就不能太着急。你不想好好下棋，那我们现在就别下了！"她愁眉苦脸地噘起嘴。我们又下了10分钟，她突然哭了起来，说甘愿认输，然后就跑到楼上了。

那一刹那，我又想起9岁时，遍体伤痕地倒在树丛中的情形。我再次犯了一个错误——忘记了下坡转弯时应该减速。我原本想让女儿开心，可一个半钟头之后，她竟然又气又急，甚至大哭起来，一连几天都不想同我说话。问题出在什么地方，答案是明明白白的，我却拒绝正视它。女儿离开后的两个钟头，我沮丧地在房间里来回踱步，终于承认了一个事实：我想赢得每一盘棋，这种欲望过于强烈，超过了我哄女儿开心的念头，让周末晚上变得一塌糊涂。我为何再次失去了平衡？我为何强烈地渴望取胜，且始终保持着高昂的斗志？我意识到有时必须放弃取胜的欲望。这显然违背我的本性，我渴望成为赢家，这样的心态，曾为我赢得了许多许多。我在下棋上也只以

取胜为目标。不仅如此，做任何事我都想全力以赴，这样才会使我感到安心。我必须改变这种心态了！过于争强好胜，只会使孩子同我日渐疏远。假如不能及时调整，我的女儿还会流下眼泪，对我产生怨恨，我的心情也会越来越糟。

我做出了改变，沮丧和懊恼跟着消失了。我放弃了下棋必须取胜的欲望。在下棋方面，曾经的我消失了、死掉了——那个家伙必须死掉！是我亲手结束了他的性命，而我的武器，就是立志做个好父亲的欲望。在儿童和青年时期，求胜的欲望曾给予我很多帮助，不过如今身为人父，那种欲望甚至成了我前进的障碍，我必须将它清除出局。时间改变了，我也必须对以前的自我做出调整。我原本以为会对过去的自我念念不忘，实则全然不是那样。

阳光是世界上最纯粹、最美好的东西。它驱除阴暗，照耀四方，让人心旷神怡。它沐浴万物，让世界充满向上和成长的力量；它坦荡无私，播撒着快乐与博爱的光芒。

一个阳光的人，总是能够在生活中自由自在地挥洒，勇于选择和承担生活的责任，不受尘世的约束却又深情细致；在人性与认真之间，不管是守着边缘或主流的位置，他都能体悟人

生。

有阳光，当然也会有阴影。当阴影来临时，就是自我沉潜、韬光养晦的时机。即使阴影仍在头顶上盘旋，阳光的人却没有悲伤，因为在他们的内心还留有幸福的余温。

人生阳光与否，其实是人的一种感觉，一种心情。外部世界是一回事，我们的内心又是另外一种境界。如果我们的内心觉得满足和幸福，我们就快乐；我们的心灵灿烂，外面的世界也就处处充满着阳光。

一个刚入寺院的小沙弥，心有旁骛，忍受不了寺院的冷清生活，甚至有了轻生的念头。这一天，他独自一人走上了寺院后面的悬崖，就在他紧闭双眼，准备纵身跳下时，一只大手按住了他的肩膀。他转身一看，原来是寺院的老方丈。

小沙弥的眼泪马上流了出来，他如实告诉方丈，自己一无所有，只想一死了之。

老方丈摇摇头，对小沙弥说："不对，你拥有的东西还有很多很多，你先看看你的手背上有什么？"

小沙弥抬手看了看，讷讷地说："没什么呀？"

"那不是眼泪吗？"老方丈语气沉重地说。

小沙弥眨眨眼睛，又是热泪长流。

老方丈又说："再看看你的手心。"

小沙弥又摊开双手，对着自己的手心看了一阵，疑惑地说："没什么呀？"

老方丈呵呵一笑，对小沙弥说："你手上不是捧着一把阳光吗？"

小沙弥怔了一下，心有所悟，脸上也泛起笑容。

只要心中留下了一片阳光，纵使周围是无边的黑暗和寒冷，你的世界也会明媚而温暖，鞠一把阳光，整个太阳便笑在掌心里，魅力四射。

每个人对自己的人生都有独特的解释和看法，在解读生命的同时，每个人都有一套自己的生活哲学和处世智能。在生命停泊的港湾，你可以沉淀、驻足、优游，也可以暂停、休息、思考，或者选择暂时的空白，也许你还可能因此而获得生命的"觉悟"。

我们何不为自己的心灵敞开一扇门，让自己通向更高层次的觉悟，让自己的生命可以得到更多的能量，获得人生的圆满。

作家焦桐说："生命不宜有太多的阴影、太多的压抑，最

好能常常邀请阳光进来。偶尔也释放真性情。"

爱若是生命的原动力，觉悟就是生命的源头，而生命就是阳光。

生命通过不同形式的传达，有了不同的人生境界。生命力确实承受不起太多的阴影，在生命停泊的港湾，让我们一起邀请阳光走进来，寻找属于自己的光芒，做阳光的自己。

第二章

悠然活在当下

放下过去

　　"放下"并不是随口说的一句口头禅，它需要一个人经过艰难的选择，同时忍受不愿失去的痛苦，走向分离。很多人在经过这个过程时，总会痛哭流涕，泪流满面。可是，如果不放下过去，自己又怎能走出过去，又怎么能面对自己，开始全新的生活？放下过去，还给彼此自由，这才是真正的感情。

　　没有一个人是没有过失的，如果有了过失能够决心去改正，即使不能完全改正，只要继续不断地努力下去，也就对得起自己的良心了。

　　徒有感伤而不从事切实的补救工作，那是最要不得的。

人很容易背负内疚感，内疚被当作一种有效的控制手段加以运用。的确，我们应当吸取过去的经验教训，但绝不能总在阴影下活着，内疚是对错误的反省，是人性中积极的一面，却属于情绪的消极一面。我们应该分清这二者之间的关系，反省之后迅速行动起来，把消极的一面变为积极，让积极的一面更积极。

哈蒙是一位商人，四处旅行，忙忙碌碌。当能够与全家人共度周末时，他非常高兴。他年迈的双亲住的地方，离他的家只有一小时的路程。哈蒙也非常清楚自己的父母是多么希望见到他和他的全家人。但他总是寻找借口尽可能不到父母那里去，最后几乎发展到与父母断绝往来的地步。后来，他的父亲去世了，哈蒙好几个月都陷于内疚之中，回想起父亲曾为自己做过的所有事情。他埋怨自己在父亲有生之年未能尽孝心。在最初的悲痛平定下来后，哈蒙意识到再大的内疚也无法使父亲死而复生。认识到自己的过错之后，他改变了以往的做法，常常带着全家人去看望母亲，并一直同母亲保持密切的电话联系。

大家再看一下赫莉是怎么处理的：赫莉的母亲很早便守寡，她勤奋工作，以便让赫莉能穿上好衣服，在城里较好的地

区住上令人满意的公寓，能参加夏令营，上名牌私立大学。赫莉的母亲为女儿牺牲了一切。当赫莉大学毕业后，找到了一个报酬较高的工作。她打算独自搬到一个小型公寓去，公寓离母亲的住处不远，但人们纷纷劝她不要搬，因为母亲为她做出过那么大的牺牲，现在她撇下母亲不管是不对的。赫莉立刻感到有些内疚，并同意与母亲住在一起。后来她看上了一个青年男子，但她母亲不赞成她与他交朋友，强有力的内疚感再一次作用于赫莉。

几年后，为内疚感所奴役着的赫莉，完全处于她母亲的控制之下。而到最终，她又因负内疚感造成的压抑毁了自己，并为生活中的每一个失败而责怪自己和自己的母亲。

处在某种情境之下，我们的头脑会被外在因素控制而不清醒，不自觉地陷在内疚的泥潭里无法自拔。这时候既需要有人当头棒喝，更需要自己毅然决然做出选择。我们不能抛弃回忆，可是我们也不能做回忆的奴隶。让我们在心灵的一个角落里，珍藏起我们走过的路上种种喜怒哀乐、酸甜苦辣，然后，把更广阔的心灵空间留给现在，留给此时此刻！

生活中我们经常会听到这样的故事：一个男孩或者一个女

孩喜欢另外一个人，但另外一个人不喜欢他/她，但这个执着的人依旧在追求着另外一个人。苦苦追求，苦苦等待，就像一块修行千年的石头一样。

人就是这样，明知道结果不可能，却还要苦苦纠缠，最终却什么也没有得到。何不学会放下，放下过去，还给彼此自由的空间，让彼此的生活多一点儿色彩，这又何尝不是一种幸福？

放下怀旧情结

　　很多性情中人总会抱怨自己自从失恋后自己的生活没有了往日简单的快乐，没有了过去悠闲的自由，总认为生活不公，让他遭遇了一段感情却没有给他结果，最后还让他失去了生活的快乐。其实，不是生活不让他快乐，而是他自己不愿意快乐，因为他放不下过去。放不下过去，他也就没有足够的空间来接纳新的感情，也就没有自由可言。

　　有一个男孩和女孩在一起6年了，女孩一直以为他们可以相爱到天长地久，海枯石烂。可是，就在她为他们的感情而憧憬幸福时，男孩向女孩提出了分手。一时间，女孩觉得她的天

塌了，她崩溃了。她跑到男孩的单位质问男孩为什么，男孩只是简单地说不爱了，已经没有爱她了。女孩依然执着地问"为什么不爱了"，男孩只是说"不为什么"。

女孩伤心，每天她都会哭，对着镜子哭，以前哭的时候男孩会帮她擦干泪水，可如今哭的时候没有人可以为她擦干泪水。想到这些，女孩的泪水更多了。

男孩很快就开始了一段新的感情，并没有把女孩的悲伤放在心上，虽然在分手的开始他还是会怀念在一起的美好时光，但那种怀念已经没有了过去的那种激动，反而有一种解脱的感觉。

女孩的生活一下子被搅乱了，早上她不知道自己起床干什么，上街也不知道自己要做什么，晚上也不知道该做什么，只是对着两人的照片发呆，哭泣。颤抖的双肩让人更觉得女孩的孤单。

女孩实在忍受不了这种痛苦，她给远在家乡的妈妈打电话，告诉妈妈她很孤单，她很害怕。电话那端的妈妈知道女儿这次是真的受伤了，但她也不能提男孩，因为她在起初就知道会有这一天。她不能说她知道这个结果，因为女儿是一个外表刚强其实内心很脆弱的女孩。她只能静静地听女儿讲述分手的过程，讲述分手的原因。

然后，女儿停止了哭泣。妈妈说道："女儿，你还在痛心吗？如果痛的话听妈妈说几句话好吗？"女儿说："好。"妈妈说："曾经我跟你的爸爸也像你们这样，虽然我跟你的爸爸分手了，但我没有因为他的离开而放弃一切，因为我有你，我不能让你受到伤害，所以，我选择了放弃，放弃过去的哀伤，放弃过去的情感，放弃过去给我带来的伤害，开始新的生活。所以，我带着你离开了你父亲的城市，来到了现在的城市……"

女孩听着妈妈说的话，渐渐地停止了哭泣，慢慢地她明白了，一段感情一旦没有维系的东西也就面临着结束，她忽然之间想通了。泪水干了，泪痕犹在，可是心没有那么痛了。

人生的风景并不是只有一处，在你为逝去的美景哭泣的时候，眼前可能是一幅更美的画卷。不要沉醉于过去的情感，失去了意味着这段情感不适合你，一段更好的感情正在等待你。不回头，你怎能看到眼前的美景？不放下过去，你怎么会获得

自由?

　　淑娟是某校一位普通的学生。她曾经沉浸在考入重点大学的喜悦中,但好景不长,大一开学才两个月,她已经对自己失去了信心,连续两次与同学闹别扭,功课也不能令她满意,她对自己失望透了。她自认为是一个坚强的女孩,很少有被吓到的时候,但她没想到大学开学才两个月,自己就对大学四年的生活失去了信心。她曾经安慰过自己,也无数次试着让自己抱以希望,但换来的只是一次又一次的失望。以前在中学时,几乎所有老师跟她的关系都很好,很喜欢她,她的学习状态也很好,学什么像什么,身边还有一群朋友,那时她感觉自己像个明星似的。但是进入大学后,一切都变了,人与人的隔阂是那样明显,自己的学习成绩又如此糟糕。现在的她很无助,她常常这样想:我并未比别人少付出,并不比别人少努力,为什么别人能做到的,我却不能呢?她觉得明天已经没有希望了,她想了难道12年的拼搏奋斗注定是一场空吗?那这样对自己来说太不公平了。进入一个新的学校,新生往往会不自觉地与以前相对比,而当困难和挫折发生时,产生"回归心理"更是一种普遍的心理状态。

　　淑娟在新学校中缺少安全感，不管是与人相处方面，还是自尊、自信方面，这使她长期处于一种怀旧、留恋过去的心理状态中，如果不去正视目前的困境，就会更加难以适应新的生活环境、建立新的自信。不能尽快适应新环境，就会导致过分的怀旧。

　　一些人在人际交往中只能做到"不忘老朋友"，但难以做到"结识新朋友"，个人的交际圈也大大缩小。此类过分的怀旧行为将阻碍着你去适应新的环境，使你很难与时代同步。回忆是属于过去的岁月的，一个人应该不断进步。我们要试着走出过去的回忆，不管它是悲还是喜，不能让回忆干扰我们今天的生活。一个人适当怀旧是正常的，也是必要的，但是因为怀旧而否认现在和将来，就会陷入病态。不要总是表现出对现状很不满意的样子，更不要因此过于沉溺在对过去的追忆中。当你不厌其烦地重复述说往事，述说着过去如何如何时，你可能忽略了今天正在经历的体验。

　　把过多的时间放在追忆上，会或多或少地影响你的正常生活。我们需要做的，是尽情地享受现在。过去的再美好，抑或再悲伤，那毕竟已经因为岁月的流逝而沉淀。如果你总是因为昨天错过今天，那么在不远的将来，你又会回忆着今天的错过。在这样的恶性循环中，你永远是一个迟到的人。

　　放下过去的情感，还给彼此自由，让彼此开始新的生活，这是一个正确的选择。

还给彼此自由

生命的灿烂和辉煌并不是只有一个地方拥有，只要你可以放下过去，包容过去，用一颗感恩的心看待过去和希冀未来，你就会创造你人生的春天，你的人生就会更加阳光灿烂。

放下了过去，你就可以从过去中走出，摆脱过去情感的束缚，还给自己彻底的自由，同时你也给了对方人生的自由，彼此自由要远远好于彼此束缚，重获自由的两个人或许可以打破"什么都做不成"的魔咒，成为一种患难相交的知心朋友，这种友谊对彼此的人生也是一种补偿。

放下过去，认真思考今后自己该怎么生活，不要觉得没有了那段感情自己就没有了生活。一个勇敢的人敢于面对生活中的一切，包括感情的挫折。放下过去，你还可以有思想的自由，让你的思想和心灵在人生的天空中自由地飞翔，飞得越高，才会看得越远，才会走出眼前情感的疆界，开始新的生活。

从现在开始，就要迈出第一步，对于自己的过去，大可不必放在心上，不管它是好是坏，一旦过去它就是一张白纸，只要你的心中对过去没有了埋怨和不舍，你的生活就会重新回到正常的轨道。不要让自己成为过去情感的奴隶，要摆脱它，获得自己的自由。

如果你认为人来到这个世界上就是为过去而活，那么你就是人生的悲哀了。每个人的生命都应该是全新的，跳动的。如果眼前的生活和情感不能让你收获快乐，何不勇敢地放弃，去寻找新的生活呢？

如果你一味地沉浸在过去的情感和回忆当中，那只能说明你是在浪费生命。选择怎样的人生和生活是你自己的权利，没有人会把这个权利剥夺，不要让自己在感叹痛苦的时候把自己的权利放弃了。

固守一处，你会看不到希望，更不会看到幸福。放下过去，找回自己，找回属于自己的自由，也放开握在自己手中他

人的自由，不要让别人在你的束缚中痛苦地生活，那不是成功的感情。

蒙田说："今天的放弃是为了明天的得到。"没有放弃，怎会有得到。只有放下了旧的情感，你才可能拥有新的情感。这个世界上为什么有的人可以开心地活着，而有的人是在遗憾和悲伤中度过？因为前者他放得下过去，而后者则是放不下。放不下是人生最大的包袱。

看到夕阳西下，苦苦挽留的是傻子；感伤逝去春光的是笨蛋。什么也不肯放下的人，往往失去得更多。希望每个人都可以放下过去，不要做一个过去的奴隶，否则，你的人生就没有了色彩，而是单纯的黑色。

重新开始

当你为过去的情感而失魂落魄的时候，你是否可曾想过为你担心的双亲？当你沉浸在过去的痛苦时，你是否会想到朋友关心的眼神？

过去的就让它随风过去，没有什么可以阻挡自己前进的脚步。不要因为一时的哀伤而忘记了自己的人生。放下过去，就可以用新的心境开始新的生活，放下过去，就可以创造人生新的辉煌。

现实生活，如认真地读书、看报，了解并接受新生事物，积极参与改革的实践活动，要学会从历史的高度看问题，顺应

时代潮流，不能老是站在原地思考问题。可以在新旧事物之间寻找一个突破口，例如，思考如何再立新功、再创辉煌，不忘老朋友，发展新朋友，继承传统，力行改革等，寻找一个最佳的结合点，从这个点上做起。

隆萨乐尔曾经说过：“不是时间流逝，而是我们流逝。”不是吗，在已逝的岁月里，我们毫无抗拒地让生命在时间里一点一滴地流逝，却做出了分秒必争的滑稽模样。说穿了，回到从前也只能是一次心灵的谎言，是对现在的一种不负责的敷衍。

史威福说：“没有人活在现在，大家都活着为其他时间做准备。”所谓“活在现在”，就是指活在今天，今天应该好好地生活。这其实并不是一件很难的事，我们都可以轻易做到。正常的怀旧有一种寻找安静、维持心灵平和、返璞归真的积极功能。这方面的功能多一些，病态的、消极的心态就会减少。只要发挥怀旧的积极功能，我们还是希望一个人有适当的怀旧心理的。

曾为英国首相的劳合·乔治有一个习惯——随手关上门。一天，有一个朋友来拜访他，两个人在院子里一边散步，一边交谈，他们每经过一扇门，乔治总是随手把门关上。朋友很是纳闷，不解地问乔治：“有必要把这些门都关上吗？”

乔治微笑着回答："哦，当然有这个必要。我这一生都在关我身后的门，这是必须做的事。当你关门时，也就是把过去的一切留在了后面，不管是美好的成就，还是让人懊恼的失误，然后，你才可能重新开始。"

把过去的一切关在身后，也就是卸下身心上的包袱，放弃了已经到手的一切，这样才会更好地重新开始新的生活，这个问题却往往被我们忽略。

大多数人总是习惯于让过去的事情，无论成功或喜悦，无论失败或烦恼，挤占在脑海里不忍抛弃，结果使身心负载过重，浪费了精力，影响了事业的发展。所以，你应该试着学会经常把身后的门关上，把过去的一切留在身后。

关上身后的门，并不是把你过去的经验和教训也关在身后，这些都是你人生的宝贵财富。你应把它们潜移默化地融入你的血液里，让它变成一种本能，成为一种习惯，这样更有利于你奔向成功。不为已经失去的而悲伤，这是一种怎样的大智慧啊！

曾有一个男孩很爱自己的女友，但他的女友远没有那么爱他。女友是一个漂泊不定的人，她总喜欢寻找新的东西，喜欢在夜晚牵着小狗散步，喜欢穿男式的衬衫。她觉得大大的衬衫

把她罩在里面，可以把她的缺点掩盖起来。

　　男孩很爱女孩，男孩的厨艺也很好，每天晚上男孩总会变着花样给女孩做好吃的，这时女孩就会说："我再吃下去会变成胖子的。"男孩会说："变成胖子怕什么，我养你。"女孩满眼泪水。

　　可是就是这个轻易被感动的女孩，竟在两人相爱的3年后提出了分手。男孩问她为什么，女孩说："太疼爱了会让我舍不得你，舍不得你我会迷失我自己。"就这么一句简单的话，彻底让男孩对女孩放弃了，虽然他还爱她，但他知道他已经不能再给她做饭了。

　　女孩走了，男孩依然自己做饭吃，但他已经不再做过去为女孩做过的饭菜。他学会了变着花样做给自己吃，然后自己到街上散步，看黑黑的夜，看闪烁的霓虹灯。

　　再后来，男孩醒了，他回到了自己的生活当中，他已经放下了女孩，并且生活得十分开心和充实。

　　也许一段感情会让你在收获快乐的时候也收获痛苦，但在离别的时候，这些痛苦会像海水一样慢慢浸满你的身心。如果你放下了过去的情感，这些海水就会失去了蔓延的介质。放下

过去，重新开始，这才是真正的生活。

　　人的一生有太多要做的事，如果我们不放下过去，而是背负着它前行，那么我们会活得很累，甚至失去生活的勇气。为了自己生活的勇气，放下曾经，为自己的心灵开辟一片新的疆域。

　　人生犹如一部戏，我们每个人都是戏里的主角，每个人都不可能把自己的角色演到极致，而不留一丝遗憾。没有遗憾的人生不是完整的人生。虽然放下过去我们会遗憾，但至少我们不会迷茫了，我们知道自己渴望怎样的人生。放下过去，还给彼此自由，让彼此生活得更好，这才是我们想要的人生。当你被某些事情纠缠得心力交瘁的时候，一定要告诉自己："只有放下，才会自由！"

活在当下

　　脚下的路虽有千条万条，但我们能够选择的只有一条。选择其中任何一条也就意味着放弃其他，不管它是荆棘小道，还是康庄大道，你都没有回头路；成功的方法也有千种万种，但允许你采用的也只有一种，选择其中任何一种，同样意味着放弃其他，不管它让你流芳千古，还是遗臭万年，你都没有后悔药。

　　你没必要为过去而懊悔，也没必要为未来而不安，最明智的做法就是做好今天该做的事情。

　　1871年春天，一个蒙特瑞综合医院的医学生偶然拿起一本书，看到了书上的一句话。就是这句话，改变了这个年轻人的

一生。它使这个原来只知道担心自己的期末考试成绩、自己将来的生活何去何从的年轻的医学院的学生，最后成为他那一代最有名的医学家。他创建了举世闻名的约翰·霍普金斯学院，被聘为牛津大学医学院的钦定讲座教授，还被英国国王册封为爵士。他死后，用厚达1466页的两大卷书才记述完他的一生。他就是威廉·奥斯勒爵士，而下面，就是他在1871年看到的由汤冯士·卡莱里所写的那句话："人的一生最重要的不是期望模糊的未来，而是重视身边清楚的现在。"

　　威廉·奥斯勒爵士曾在耶鲁大学做了一场演讲。他告诉那些大学生，在别人眼里，曾经当过四年大学教授，写过一本畅销书的他，拥有的应该是"一个特殊的头脑"，可是，他的好朋友们都知道，他其实也是个普通人。他的一生得益于那句话："人的一生最重要的不是期望模糊的未来，而是重视身边清楚的现在。"

　　很久以前，曾经有两位哲人游说于穷乡僻壤之中，对前来听教的人说了一句流传千古的话："不要为明天的事烦恼。明天自有明天的事，只要全力以赴地过好今天就行了。"许多人

都觉得耶稣说过的这句话难以实行，他们认为为了明天的生活有保障，为了家人，为了将来出人头地，必须做好准备。我们当然应该为明天制订计划，却完全没有必要去杞人忧天。

现代生活中，存在着一个惊人的事实，证明了现代生活的错误。

在美国，医院里半数以上的病床都被精神病人占据着，而这些人大多是因为不堪忍受生活的重负而精神崩溃的。可是，如果他们谨奉耶稣的箴言"不要为明天的事忧虑"，谨记威廉·奥斯勒的话"人只能生存在今天的房间里"，只活在今天，你就能成为一个快乐的人，满意地度过一生。

昨天就像使用过的支票，明天则像还没有发行的债券，只有今天是现金，可以马上使用。今天是我们轻易就可以拥有的财富，无度地挥霍和无端地错过，都是一种对生命的浪费。

一天，一位从外地来的商贩给他带来了一样好东西，尽管在阳光下看去那只是一粒粒不起眼的种子。但据商贩讲，这不是一般的种子，而是一种叫作"苹果"的水果的种子，只要将其种在土壤里，两年以后，就能长成一棵棵苹果树，结出数不清的果实，拿到集市上，可以卖好多钱呢。欣喜之余，农民急

忙将苹果种子小心收好，但脑海里随即涌现出一个问题。既然苹果这么值钱、这么好，会不会被别人偷走呢？于是，他特意选择了一块荒僻的山野来种植这种颇为珍贵的果树。

　　经过近两年的辛苦耕作，浇水施肥，小小的种子终于长成了一棵棵茁壮的果树，并且结出了累累的硕果。这位农民看在眼里，喜在心中。因为缺乏种子，果树的数量还比较少，但结出的果实也肯定可以让自己过上好一点儿的生活。他特意选了一个吉祥的日子，准备在这一天摘下成熟的苹果挑到集市上卖个好价钱。当这一天到来时，他非常高兴，一大早，他便上路了。但当他气喘吁吁爬上山顶时，心里猛然一惊，那一片红灿灿的果实，竟然被外来的飞鸟和野兽们吃个精光，只剩下满地的果核。想到这几年的辛苦劳作和热切期望，他不禁伤心欲绝，大哭起来。他的财富梦就这样破灭了。

　　在随后的岁月里，他的生活仍然艰苦，只能苦苦支撑下去，一天一天地熬日子。不知不觉之间，几年的光阴如流水一般逝去。一天，他偶尔之间又来到了这片山野。当他爬上山顶后，突然愣住了，因为在他面前出现了一大片茂盛的苹果林，

树上结满了累累的果实。这会是谁种的呢？在疑惑不解中，他思索了好一会儿才找到了一个出乎意料的答案。这一大片苹果林都是他自己种的。

几年前，当那些飞鸟和野兽在吃完苹果后，就将果核吐在了周围，经过几年的时间，果核里的种子发芽生长，终于长成了一片更加茂盛的苹果林。

现在，这位农民再也不用为生活发愁了，这一大片林子中的苹果足可以让他过上温饱的生活。只不过，他转念一想，如果当年不是那些飞鸟和野兽吃掉了这小片苹果树上的苹果，今天肯定没有这样一大片果林了。

生活中，一扇门如果关上了，必定有另一扇门打开。失去了这种东西，必然会在其他地方有所收获。关键是你要有乐观的心态，相信有失必有得。

要懂得放弃，正确对待你的失去，有时失去也就是另一种获得。

人生的每次选择都只有一次机会，所以选择的同时也就意味着放弃，选择熊掌就要放弃鲜鱼，选择繁华就要放弃幽静，选择充实就要放弃悠闲。选择和放弃就像同胞兄弟一样如影随形。选择是人生路上的航标，学会选择是审时度势、扬长避短，只有量力而行的选择才能到达理想的港湾；放弃是人生的隧道，舍得放弃是顾全大局、超然洒脱，只有简单从容地放弃才能左右逢源。

在阿尔及利亚有一种猴子，非常喜欢偷吃农民的玉米。尤其是晚上的时候，农民们没有时间照看，玉米常常会被洗劫一空。起初农民拿它们没办法，后来他们发现猴子都有贪得无厌的习性，于是他们根据这种习性发明了一种捕捉猴子的巧妙方法。农民把一只只葫芦形的细颈瓶子固定好，然后把它们拴在一棵大树下，再在瓶子中放入猴子最爱吃的玉米，然后等着猴子上钩。

到了晚上，猴子们来到树下，见到瓶中有玉米十分高兴，就把爪子伸进瓶子去抓玉米。这瓶子的妙处就在于猴子的爪子刚刚能够伸进去，等它抓到一把玉米时，爪子却怎么也拿不出来了。猴子十分贪婪，绝不可能放下已到手的玉米，就这样，它们的爪子也就一直抽不出来，于是只能死死地守在瓶子旁边了。

到了第二天早晨，农民抓住它们的时候，它们依然抓着玉米不放，直到把玉米送入口中。

这些可怜的猴子，因为自己的贪婪而丧失了自由，甚至丢掉性命。其实，在生活当中，也有不少人，为了永无休止的欲望而失去很多东西。为了生存，我们透支着体力和精力；为了爱情，我们透支着青春和情感；为了财富和地位，我们失去了健康和快乐，甚至丢掉了性命。

从呱呱落地到牙牙学语，再到后来的成家立业，我们每个人都经历了太多的选择，也经历了太多的放弃。在选择的同时，我们是否有勇气放弃那些原本不属于自己的东西呢？果断选择，让我们抓住生命中最重要的东西，让我们在人生的每一个十字路口上都能走好属于自己的那条路；而勇敢放弃，则让我们甩掉那些困扰生活的包袱和诱惑，让我们轻装上阵，飞快前行。

每个人都渴望获得，不愿失去，坚持于选择，而忽略了放弃。有时候执着是一种负重和伤害，默默地付出，苦苦地等待，到头来却是镜中花、水中月，过分的固执甚至就是愚蠢，因为它会让你失去更多更好的机会。坚持需要勇气，放弃又何尝不需要胆识和魄力呢？

坚持固然难能可贵，放弃却是一种更大的智慧，学会放弃，便是学会放下心中的执拗，学会抛却无止境的贪欲，学会在繁杂中选择一条正确的道路，学会优雅从容地挥别人生的包袱。正所谓舍得舍得，有舍才有得，没有学会放弃，就无法拥有新的收获，执着于太多的念想，怎能以平和而轻松的心态去拥有更为广阔的人生？

红橙黄绿蓝靛紫，七种颜色，各有不同；喜怒哀惧爱恶欲，七种感情，品之不尽。复杂的人生需要我们小心谨慎地对待每一步。学会选择，学会放弃，你会避免很多弯路，避开很多荆棘，从而走向更加海阔天空的人生境界！

改变自我

世间一切烦恼，皆由"我"而起。若能够体验到菩提达摩话中的"无我"境界，无论忧愁还是喜悦，一切自然会随风消散。常人达不到佛法中"无我"的至高境界，却也懂得买醉来求得一时的忘忧。常言说"借酒消愁愁更愁"，醉酒之时的"忘我"也自然不能等同于佛家的"无我"，但是那一刻对自我的遗忘是相似的，就像平时我们安慰一个失意之人，总是说"睡一觉就好了"，事实上睡醒后烦恼照旧，而睡梦中曾获得暂时的解脱。忘我，是一种刻意而为之的无奈；无我，则是水到渠成的自在。

从古至今，对"我"的认识与探索一直未曾间断，古希腊先贤苏格拉底的名言之一就是"认识你自己"。圣严法师将这个"自己"分为两个层次，一是个人自私的小我，二是仁爱、博爱的大我。从另一个角度，又可视为物质上的身体和精神上的心灵的结合。身体每时每刻都在改变，而且注定会死亡；精神同样在外力与内因的作用下变化着，而且每一刻的念头也总会消失。因此，"我"只是一种虚幻的妄念，因我生执，因执而苦。

古代有一个差役就曾经因为对"我"的过于执着而苦恼不休。

有一个秃头犯了法，由一名差役负责押送他到流放地。

一路上，差役十分谨慎，生怕犯人会从自己的手里逃脱。他心思缜密，每次打尖不仅对犯人寸步不离，而且常常清点随身物品，每次清点都会自言自语："秃头还在，公文还在，佩刀还在，枷锁还在，包袱还在，雨伞还在，我也在。"秃头每每听到他反复念叨都忍俊不禁，同时暗暗寻找着逃跑的机会。

终于快到目的地了，秃头对差役一路劳顿颇感不安，于是提出要出钱请他好好吃一顿，以表示自己的感激和歉意，并起誓绝对不会逃跑。快到驻地，差役也放松了警惕，在秃头不断地劝说与奉承下很快酩酊大醉。

秃头摸来差役的钥匙，打开了枷锁，临逃走之前想起了差役每次的念叨，不由兴起，想跟差役开个玩笑，于是用佩刀剃光了他的头发，又把枷锁戴在了他的身上。

差役大醉醒来，吃惊不小。他猛一拍自己的头，然后又看到了自己身上的枷锁："秃头还在！"他顿时释然，继而习惯性地清点："公文还在，佩刀还在，枷锁还在，包袱还在，雨伞还在，我？还……我呢？"

差役不知所措，见人就问："你看见我了吗？"

差役执着于事物的表象以至于丢失了自己，他的"无我"是滑稽的，既令自己苦恼，又引得旁人发笑。真正的"无我"虽同样难以求得，甚至让人心生抗拒，但一旦体会到了将"我"放下的通透，就能够达到一种澄明之境。由圣严法师对"我"的两层定义，同样可以将"无我"分为两种：一种是人无我，即针对个人而言，没有一个恒定不变的主体；另一种是法无我，即诸法无我，任何法都由因缘和合而生，没有一个永恒的主宰者。

　　"如来者，无所从来，亦无所从去。"忘我以致无我，又在无我中做好我该做的一切，如空中飞鸟，不知空是家乡；水中游鱼，忘却水是生命。"别人笑我太疯癫，我笑他人看不穿"，对于佛门之外的人，这种无我也许十分荒唐，而在这一刻顿悟的人，体验到了其他人看不穿望不断的红尘之外的快乐。一切现象因缘所生，变化无常，索性把我放下，把环境忘记，把无常当作常态，自在与快乐将会紧随身后。

　　"春来花自青，秋至叶飘零，无穷般若心自在，语默动静体自然"，人若无我，则天地澄明，花香鸟语间蕴含的禅机都会涌至眼前。

放下烦忧

常常会有这样的时候，我们深陷在对昨天的懊悔中，期待明天会有不一样的艳阳高照，却独独忽视了今天的存在。是我们自己亲手种下一道心灵的魔咒，让岁月在蹉跎中逝去，只为我们留下了满目疮痍。

"After all, tomorrow is an other day"，相信每一个读过美国作家玛格丽特·米切尔的《飘》的人，都会记得主人公斯嘉丽在小说中多次说过的话。在面临生活困境与各种难题的时候，她都会用这句话来安慰和开脱自己——"无论如何，明天又是新的一天"——从中获取巨大的力量。

　　和小说中斯嘉丽颠沛流离的命运一样，我们一生中也会遇到各种各样的困难和挫折。面对这些一时难以解决的问题，逃避和消沉是解决不了问题的。唯有以阳光的心态去迎接，才有可能最终解决。阳光的人每天都拥有一个全新的太阳，积极向上，并能从生活中不断汲取前进的动力。

　　"不论担子有多重，每个人都能支持到夜晚的来临。"寓言家罗伯特·史蒂文生写道："不论工作有多苦，每个人都能做他那一天的工作，每一个人都能很甜美、很有耐心、很可爱、很纯洁地活到太阳下山，而这就是生命的真谛。"不错，生命对我们所要求的也就是这些。

　　住在密歇根周沙支那城的薛尔德太太，在学到"要生活到上床为止"这一点之前，却感到极度的颓丧，甚至几乎想自杀。

　　1937年，薛尔德太太的丈夫死了，她觉得非常颓丧，而且几乎一蹶不振。她写信给她以前的老板李奥罗区先生，请他允许她做回以前的工作。她以前是靠推销世界百科全书生活。两

年前她的丈夫生病的时候，她把汽车卖掉了，如今她勉强凑足钱才分期付款买了部旧车，又开始出去卖书。

她原想，再回去做事或者可以帮她摆脱她的颓丧。可是要一个人驾车，一个人吃饭，几乎令他无法忍受。有些区域简直做不出什么成绩来，虽然分期付款买车的数目不大，却很难付清。

1938年春天，她在苏里州的维沙里市，见那儿的学校很穷，路很坏，很难找到客户。她一个人又孤独又沮丧，又一次甚至想要自杀。她觉得成功是不可能的，活着也没有什么希望。她每天早上都很怕起床面对生活。她什么都怕，怕付不清分期付款的车钱，怕付不出房租怕没有足够的东西吃，怕她的健康情况变坏没有钱看医生。让她没有自杀的唯一理由是她担心她的姐姐会因此难过，而她的姐姐也没有足够的钱来支付她的丧葬费用。

然而有一天，她读到一篇文章，使她从消沉中振作了起来，使她有勇气活下去，她永远感激那篇文章里面的那一句令人振奋的话："对一个聪明人来说，太阳每天都是新的。"她用打字机把这句话打下来，贴在她的车子里面，这样她开车的时候，每时每刻都能看见这句话。她发现每次只活一天并不困难，她学会了忘记过去，不想未来，每天早上她都会对自己说："今天又是一个新的生命。"

她成功地克服了对孤寂和需要的恐惧。她现在很快活，也获得了成功，对生命充满了热忱和爱。她明白不论在生活上遇到什么事情，都不要害怕，不必怕未来，每次只要活一天——而对一个聪明人来说，太阳每天都是新的。

在日常生活中可能会碰到令人兴奋的事情，也同样会碰到令人消沉的、悲观的坏事，这本来应属正常。但如果我们的思维总是围绕那些不如意的事情转动的话，也就相当于往下看，那么，终究会摔下去的。因此，我们应尽量做到脑海想的，眼睛看的，以及口中说的都应该是光明的，乐观的，积极的，相信每天的太阳都是新的，每天都是一个新的开始。

古希腊诗人荷马曾经说过："过去的事已经过去，过去的事无法挽回。"泰戈尔在《飞鸟集》中也写道："只管走过去，不要都留下去采了花朵来保存，因为一路上，花朵会继续

开放的。"的确，昨日的阳光再美或者风雨再大，也移不到为今日的画册。我们又为什么不好好把握现在，充满希望地面对未来呢？

时间并不能像金钱一样让我们随意储存起来，以备不时之需。我们所能使用的只有被给予的那一瞬间——现在。所谓"今日"，正是"昨日"计划中的"明日"；而这个宝贵的"今日"，不久将消失到遥远的远方。对我们每个人来讲，得以生存的只有现在——过去早已消失，而未来尚未来临。昨天，是张作废的支票；明天，是张尚未兑现的期票；只有今天，才是现金，有流通性的价值之物。所以，不要老是惦记明天的事，也不要总是懊悔昨天发生的事，把你的精神集中在今天。对于远方将要发生的事，我们无能为力。杞人忧天，对于事情毫无帮助。所以记住：你现在就生活在此处此地，而不是遥远的地方。

有位哲学家在古罗马的废墟里发现了一尊双面神像。由于从来没见过这样的神像，哲学家便好奇地问他："你是什么神啊？为什么有两张面孔？"神像回答："我的名字叫两面神。我可以一面回视过去，吸取教训；一面展望未来，充满希望。"哲学家又问："那么现在呢？最有意义的现在你注意了吗？"神像有些发愣："现在！我只顾着过去和将来，哪还有时间管现在啊！"哲学家说："过去的已经过去了，将来的还没有来到，我们唯一能把握的就是现在；如果无视现在，即使你对过去未来都了如指掌，那又有什么意义呢？"神像听后恍然大悟，失声痛哭起来："你说得没错，就是因为我抓不住现在，所以古罗马城才成为历史，我自己也被人丢在了废墟里。"

《圣经》中有这样一句话："不要烦恼明天的事，因为你还有今天的事要烦恼。"这是一句隐含大智慧的话，却不是容易做到的事。很多男人努力赚钱养家，心想赚够钱让妻子拥有美好的未来，后来发现钱永远赚不够，妻子也离开他了。因为妻子拥有无数个凄凉孤单的现在，所以决定去追求自己当下的快乐。

何必为明天的事情忧虑呢？把一切泪水留给昨天，把所有烦恼抛向未来，专心地过好今天，活出生命的色彩，当晚上安然入眠时，那就是给今天最好的掌声和礼赞。

　　把握好生命中的每一分钟。时间，如天上的云彩，翩然而来，又飘然而去。这便有了昨天，今天和明天，也便有了人生的多姿多彩，生活的纷繁杂乱。今天是昨天的果，明天的花，无论昨天是激越、宁静，还是哀叹、凄婉，都已成为过眼云烟；明天虽有无限的向往与憧憬，但毕竟都是虚无缥缈的梦幻，梦幻纵然令人流连忘返，但清醒之后只能空留惆怅，成为一种心理负担。

　　只有今天，才是真正存在的时段。在今天的人生轨道上，昨天的成功与失败都显得苍白暗淡，今天可以抹去昨天的伤楚与泪痕，让昨天的理想得以实现。在今天的沃土中埋下希望的种子，明天就会百花争艳，后天则会硕果满园。

　　清醒的人生可能是一种不幸，因为它会充满坎坷与泥泞，却是一种意志的磨炼，坎坷是通向平坦的路，泥泞是成功前的黑暗，只要我们清醒地认识自己，磨炼自己，在清醒中奋斗拼搏，人生就会无怨、无悔、无憾。因为生命属于大家只有一次，时间也并不能像金钱一样让我们随意储存起来，以备不时之需。我们所能使用的只有被给予的那一瞬间，也就是今日和现在。例如，我们不能充分利用今日而让时间白白虚度，那么它将一去不返，所谓"今日"正是"昨日"计划中的"明日"；而这个宝贵的"今日"，不久将消失到远方。

悠然活在当下

"过去是未来，未来是过去，现在是去来，菩萨晓了知。"这是"现在主义"的禅诗：过去就是未来，未来也就是过去，现在就是过去以及未来。而在现实世界中，我们常常被时间蒙骗，以为过去的已经过去，未来的一定会来，现在的永远不变。其实，在时间的脉络中，时间的过去、现在和未来是互相交错不可分割的，我们唯一能够把握的只有现在。所以，不要牵挂过去，不要担心未来，踏实于现在，便能与过去和未来同在。

一位青年在高速行驶的火车上一不小心将刚买的新鞋从

窗口失手掉了一只，周围的人备感惋惜，不料那青年立即把第二只鞋也从窗口扔了下去。这一举动令大家很吃惊，青年解释道："这一只鞋无论多么昂贵，对我而言都没用了，如果谁捡到这一双鞋子，说不定他还能穿呢！"

生活中有时需要我们做出选择，但什么才是最难舍弃的，是一种道义，还是一段感情？为什么不能抛开和牺牲一些东西，而去获得另一些东西？

《百喻经》里有一个故事，从前有一只猩猩，手里抓了一把豆子，高高兴兴地在路上一蹦一跳地走着。一不留神，手中的豆子滚落了一颗，为了这颗掉落的豆子，猩猩马上将手中其余的豆子全部放置在路旁，趴在地上，转来转去，东寻西找，却始终不见那一颗豆子的踪影。最后猩猩只好用手拍拍身上的灰土，回头准备拿原先放置在一旁的豆子，怎知那颗掉落的豆子没找到，原先的那一把豆子却全都被路旁的鸡鸭吃得一颗也不剩了。

想想我们现在的追求，是否也是放弃了手中的一切，仅仅为了追求掉落的那一颗？再想起扔掉第二只鞋的那位青年，他的做法确实值得称道，既然已经不能保全自己的美事，何不成

全别人呢？对于别人，也许可以获得整个冬天的温暖。

　　的确，失去的已经失去，何必为之大惊小怪或耿耿于怀呢？失去某种心爱之物大都会在我们的心理上投下阴影，有时甚至因此而备受折磨。究其原因，就是我们没有调整心态去面对失去，没有从心理上承认失去，只沉湎于已不存在的过去，而没有想到去创造新的未来。与其怀恋过去，不如抬起头，去争取未来。

　　在生活中，有很多的无奈要我们去面对，有很多的道路需要我们去选择。

　　有人曾请教大龙禅师："有形的东西一定会消失，那么世上会有永恒不变的真理吗？"大龙禅师回答："山花开似锦，涧水湛如蓝。"如锦缎般盛开的鲜花，虽然转眼便会凋谢，但依然不停地奔放绽开碧玉般的溪水，虽然映照着同样蔚蓝如洗的天空，却每时每秒都在发生变化。

　　世界是美丽的，但所有的美丽似乎都会转瞬而逝。这也许会让人伤感，但生命的意义的确在于过程。时间像是一支离了弦、永不落地的箭，是单向的，不能回头，所以我们要把握住现在、今朝，认真地活在当下。能够抓住瞬间消失的美丽，就是一种收获。放下过去的烦恼，舍弃未来的忧思，顺其自然，

把全部精力用来承担眼前的这一刻。

　　吉祥大师在带领弟子禅修时，说过这样一句颇有禅意的话："把过去交给过去，把未来交给未来。"这是对"活在当下"这一流行话题的最好诠释，也是开启智慧法门的一条捷径。

　　那些过去的人和事已经消失在苍茫的人海中、无限的时间里。当我们屏气凝神，细细品味生活的时候，内心就会变得非常宁静，在这份沉静中，我们的执着、妄念将会得到克制。闭目冥想，在千百万年的时间里，在永恒浩渺的宇宙中，每一个生命是如此细微、脆弱，不能改写过去和未来的命运，我们能够做的，只是沉静下来，把过去的时光交给过去，把未来的希望留给未来，把我们自己的心灵留在当下，活在当下的每分每秒里。

　　从前，有个小和尚每天早上负责清扫寺庙院子里的落叶。清晨起床扫落叶实在是一件苦差事，尤其在秋冬之际，每一次起风时，树叶总随风飘落。每天早上，小和尚都需要花费许多时间才能清扫完树叶，这让他头痛不已，他一直想要找个好办法让自己轻松些。后来，有个和尚跟他说："你在明天打扫之前先用力摇树，把落叶统统摇下来，后天就可以不用扫落叶

了。"小和尚觉得这是个好办法，于是隔天他起了个大早，使劲地摇树，觉得这样他就可以把今天跟明天的落叶一次扫干净了。那一整天，小和尚都非常开心。

可是第二天，小和尚到院子里一看，不禁傻眼了：院子里如往日一样落叶满地。这时老和尚走了过来，对小和尚说："傻孩子，无论你今天怎么用力摇，明天的落叶还是会飘下来的。"小和尚终于明白了，世上有很多事是无法提前预支的，无论欢乐与愁苦，唯有认真地活在当下，才是最真实的人生态度。

明天的落叶，怎么能在今天全部扫干净呢？再勤奋的人也不能在今天处理完明天的事情，所以，不要预支明天的烦恼，认真地活在今天，比什么都重要！放下过去的烦恼，舍弃未来的忧思，顺其自然，把全部精力用来承担眼前的这一刻，因为失去此刻便没有下一刻，不能珍惜今生也就无法向往未来。

曾有人问一位禅师："什么是活在当下？"禅师回答说："吃饭就是吃饭，睡觉就是睡觉，这就叫活在当下。"仔细想来，人生最重要的事情不就是我们现在做的事情吗？最重要的人不就是现在和我们在一起的人吗？而人生最重要的时间不就

是现在吗？

那些张皇失措的观望、心无定数的期盼，除了妄想以外，几乎不能给人们带来什么快乐，反倒是那些懂得路在脚下的人往往能够踏踏实实地走好每一步。还记得那个耳熟能详的故事吗？一位老禅师带着两个徒弟，提着一盏灯笼行走在夜色中。一阵风吹来，灯笼被吹灭了。徒弟担心地问："师父，怎么办？"师父淡淡地说："看脚下！"

当一切变成黑暗，后面的来路与前面的去路都看不见、摸不着的时候，我们要做的就是，看脚下，看今生！

忘记无始无终的时空观念，对现有的生命悠然受之，天冷了就添衣，天热了就脱衣，受而喜之，才能自然，我们能够并且必须去把握的唯有当下。

第三章

放下执着，给自己一个机会

幸福就在懂得放手的那一刻

　　人活在世上，不能不在乎某些东西。于是，伤害过你的人，你就用几倍的伤害给予他们重创。心理得以平衡之后，有一天你又被伤害，你又开始报复。周而复始，你终日被报复充斥，成了报复的囚徒，苍白了信仰，空虚了精神，丢掉了理想，可惜了美德，得到的只是伤害。当我们恨我们的仇人时，就等于给了他们制胜的力量，而这种力量会让我们寝食难安、魂不守舍、心烦意乱，最终甚至导致疾病和死亡。这样看来，报复不仅让我们无法实现对别人的打击，反倒成为对自己的内心的一种摧残。紧抓住仇恨不放，幸福便将远离去，世间有多

少人能够明了。幸福，其实就在懂得放手的那一转身。

　　常听父母提起他们的小时候，说那时虽然吃不饱、穿不暖，却觉得幸福就在指间。也常听自己的同龄人抱怨，抱怨生活中有太多的抉择，以至于幸福就在抉择中溜走了一般。也许是我们的生活比起父辈来过于琳琅满目，也许是杂乱的物质让我们的思想变得越来越复杂，在光怪陆离的生活中我们丢掉了幸福，殊不知，简单的幸福却在一拿一放之间等待着我们。

　　人生中，左右为难的情形会时常出现。比如，面对两份同具诱惑力的工作，两个同具诱惑力的追求者。为了得到其中"一半"，你必须放弃另外"一半"。若过多地权衡，患得患失，到头来将两手空空，一无所得。我们不必为此感到悲伤，因为能抓住人生"一半"的美好就已经足够幸福了。

　　两个朋友一同去参观动物园。动物园非常大，他们的时间有限，不可能参观到所有动物，他们便约定：不走回头路，每到一处路口便选择其中一个方向前进。

　　第一个路口出现在眼前时，路标上写着一侧通往狮子园，另一侧通往老虎山。他们琢磨了一下，选择了狮子园，因为狮子是"草原之王"又到了一处路口，分别通向熊猫馆和孔雀馆，他们选择了熊猫馆，因为熊猫是"国宝"嘛……

　　他们一边走，一边选择，每选择一次，就放弃一次，遗憾一次。但事件不等人，如不这样做他们的遗憾将更多。只有迅速做出选择，才能减少遗憾，得到更多的收获，得到幸福的感觉。

　　幸福在选择中诞生。然而在选择和取舍时必须要有理性、睿智和远见卓识，不可鼠目寸光，不可急功近利，更不可本末倒置，因小失大。选择不是一锤子买卖，不能因为一粒芝麻丢了西瓜；不能因为留恋一棵小树，而失去整片森林。

　　很多时候，我们总是想选择这个，却害怕错过那个，于是拿起来又放下，到最后一刻还在犹豫。这个会有这样的缺点，那个会有那样的不足，总迟迟下不了决心。或者选择之后，又来回地更改，时间和精力都在患得患失之间被耽搁了。幸福也在指间溜走，世界上没有十全十美的东西让你选择，每一样东西都会有它自身的弱点，所以，当你选择之后，就大胆地往前走，而不是走一步三回头，这在很大程度上影响了前进的速度。

　　而那些事业有成之士，总会在抉择之后一直走下去。释迦牟尼在宗教事业和王位之间，选择了创立佛学；鲁迅在拯救人的灵魂和人的身体之间选择成为一代文豪；迈克尔·乔丹放弃了棒球运动员的梦想，成为世界篮坛上最耀眼的"飞人"球星；帕瓦罗蒂放弃了教师职业，成为名扬世界的歌坛巨星。

　　无论我们怎样审慎地选择，人生的大多数时候不会是尽善尽美，总会留有缺憾。但缺憾本身也是一种美。有些选项看似诱人，但如果不适合自己，那就要果断舍弃。做什么样的选择，要视自身条件和具体情况而定，要有主见，不能人云亦云。

　　"人生就像一张茶几，上面摆满了杯具"，然而常有人把自己的人生过成"餐具"，只有懂得舍弃、懂得选择的人，才能最终把自己变成"洗具"，因为幸福往往就在一拿一放之间。

　　古希腊神话中有一位大英雄叫海格里斯。一天，他走在坎坷不平的山路上，发现脚边有个袋子似的东西很碍脚，他踩了那东西一脚，谁知那东西不但没有被踩破，反而膨胀起来，加倍地扩大着。海格里斯恼羞成怒，操起一条碗口粗的木棒砸它，那东西竟然长大到把路堵死了。

　　正在这时，山中走出一位圣人，对海格里斯说："朋友，快别动它，忘了它，离它远去吧！它叫仇恨袋，你不侵犯它，它便小如当初；你侵犯它，它就会膨胀起来，挡住你的路，与你敌对到底！"

　　茫茫人世间，我们难免与别人产生误会、摩擦，如果不注意，在我们轻动仇恨之时，仇恨袋便会悄悄成长，你的心灵就

会背上报复的重负而无法获得自由。报复会把一个好端端的人驱向疯狂的边缘，使你的心灵得不到片刻安宁。报复同样会驱赶幸福，使你失落永恒的幸福滋味。

有一位好莱坞的女演员，失恋后，怨恨和报复心使她的面孔变得僵硬而多皱纹，她去找一位最有名的化妆师为她美容。这位化妆师深知她的心理状态，中肯地告诉她："你如果不消除心中的怨和恨，我敢说全世界任何美容师也无法美化你的容貌。"

"怀着爱心吃菜，也要比怀着怨恨吃牛肉好得多。"如果我们的仇人知道对他的怨恨使我们精疲力竭，使我们紧张不安，使我们的外表和内心都受到伤害，甚至使我们折寿的时候，他们不是会拍手喝彩吗？我们岂能让仇人控制我们的快乐，我们的健康和我们的外表？莎士比亚曾经说过："不要由于你的敌人而燃起一把怒火，让心中的烈焰烧伤自己。"明智如你，理应让仇怨远离。人们追求幸福，却总以为击败自己的敌人，报复自己的仇家就能够获得解脱，得到幸福，殊不知，复仇的心，正如同一把利刃，刺伤他人的同时，也刺伤了自己，幸福的奥妙看似难以参透，幸福的本质，却又是何等清晰与单纯，放下内心所有的仇怨与不满，潇洒地转身，旋即，你便能够望见幸福。

缘分强求不得

人生在世，随遇而安。缘来则聚，缘尽则散。缘分失去的时候我们不必强求，也不必挽留，情缘散尽的感情注定是没有结果的，倒不如有尊严的结束。不要做一个强求缘分的人，因为"强扭的瓜不甜"，即使你勉强得到了你想要的，你也不会感觉到快乐。

原本两个人并不认识，却在某一个特定的时间和特定的地点相遇了，然后相知，最后相爱，这个简单的过程却是在某些力量的安排下发生了。这就是我们常说的缘分。有缘千里来相会，无缘对面不相识。缘分让我们走到了一起，缘分也让我们

避开了不该认识的人。在感情世界里，很多人都相信缘分，没有缘分，任凭你再怎么努力也许也不会在一起。勉强在一起的两个人最后也还是要分开，这就是缘分。

缘分是一种可遇而不可求的东西，其珍贵程度不亚于黄金珠宝。

有一位美丽、温柔的女孩，身边不乏追求者，但她遇到了漂亮女孩常有的难题："在同样优秀的两个男孩中应该选择谁？"锋长得帅气，很开朗很幽默。宇也不错，很善良，只是内向羞涩，不善表现自己。

其实，她喜欢宇。但她不知宇对她的爱有多深。于是，她决定等情人节再做出选择。她想要是宇送来玫瑰，或跟她说"我爱你"，那么，她就选宇。

然而，现实总不能如意。

情人节那天，送来玫瑰并说"我爱你"的是锋，不是宇。宇只给她送来一只鹦鹉，也没有说什么"我爱你"之类。一直深信缘分的她颇感失望，有缘无分空痴想啊。女友来访，她随手就将那只鹦鹉给了女友。她说，是缘分叫她选择锋。

后来偶遇女友，女友啧啧地说，那只鹦鹉笨死了，一天到

晚只会说"我爱你，我爱你"，吵死了！女友说得轻描淡写，

于她却像是一个晴天霹雳……那可是宇送给她的呀！

情海中，缘分来来去去，更只在一念之间：有心，即有

缘；无意，即无缘。人们常说："机会靠人创造。所谓缘分，

何尝不如是？"

有时候，缘，如同诗人席慕蓉笔下的《一棵开花的树》那

样令人心痛，不可捉摸：

如何让你遇见我

在我最美丽的时刻

为这

我已在佛前求了五百年

求佛让我们结一段尘缘

佛于是把我化作一棵树

长在你必经的路旁

阳光下

慎重地开满了花

朵朵都是我前世的盼望

当你走近

请你细听

那颤抖的叶

是我等待的热情

而当你终于无视地走过

在你身后落了一地的

朋友啊

那不是花瓣

那是我凋零的心

人生之中，你孜孜以求的缘分，或许终其一生也得不到，而你不曾期待的缘分反而会在你淡泊宁静中不期而至。古语云："有缘千里来相会，无缘对面不相识。"所谓缘分就是让呼吸者与被呼吸者，爱者与被爱者在阳光，空气和水之中不期而遇，有缘分的人是幸福的，没缘分的人也是够无奈的。

"十年修得同船渡，百年修得共枕眠。"人世间有多少人能有缘从相许走进相爱，从相爱走完相守，走过这酸甜苦辣，五味杂陈的浪漫一生呢？红尘看破了不过是浮沉，生命看破了不过是无常，爱情看破了不过是聚散罢了。而在聚散离合之间，又充盈了多少悲欢交集的缘分啊。

　　爱情讲究缘分，但缘分在于把握和珍惜。真正惜缘的人，会认为它是来之不易的，是上天给予的恩赐，从而倍加呵护。

　　缘分是一种奇妙的东西，当你不知道的时候它就已经来到了你的身边。你的感情生活也许从此拉开帷幕。世间很多男女并不明白其中的道理，总是在对方明确告知不可能的时候，却还要对方说出为什么。所有的不可能其实可以归因到"缘分"上。如果你们真的有缘分，无论怎样都不会改变结果；如果你们没有缘分，无论怎样都不会出现你想要的结果。

　　很多人在确定自己遇到了适合自己的人时，往往会毫不犹豫地扑上去，可是当他/她看清这个人并不喜欢他/她时，总是会要求别人给自己一个结果，殊不知这样不仅不会得到自己想要的结果，更会让彼此成为陌生人。如果你们真的有缘，不论怎样还是会在一起的。一旦没有缘分，再怎么努力，也是徒劳，因为缘分是强求不得的。

　　曾有一个在异国他乡求学的女孩。刚到国外时，经朋友介绍他与朋友的哥哥认识了。朋友介绍的初衷是希望哥哥能够在异国他乡给她一些照顾。而哥哥也确实做到了，他一直很细心地照顾女孩。在慢慢地接触中，哥哥喜欢上了这个远在他乡的女孩，他向女孩表白了。女孩没有犹豫，同意了。

　　可是，女孩在这个城市的签证到期了，她要到另外一个城市开始为期两年的留学生活。女孩自知两年的时间不长，可两地分割的爱情没有长久的，女孩很理智地对哥哥提出了分手，哥哥什么都没有说，同意了。可是，分手以后的两个人依然关心着彼此，依然保持着联系。在分手的时间里，各自有了各自的感情，然后又各自失去，哥哥会来到女孩的城市陪她喝咖啡，女孩则在这段日子里审视两个人，发现原来两个人其实很合适。

　　于是女孩在没有告知哥哥的情况下来到了哥哥的城市，来向哥哥表白。原本她以为哥哥会接受她，出人意料的是哥哥已经拥有了一段新的感情。听了女孩的表白，哥哥不知道该说些什么，他说，我得去度假，而且是与我的新女友一起去。在这段度假的日子里我会考虑我们之间的感情，我要找到真正适合我的人。

　　女孩同意了。

　　可是，在哥哥度假回来后，女孩原以为哥哥会选择她，可是哥哥告诉她他不能接受她，因为如果他那样做的话，他会有

负罪感。因为他觉得他的新女友很适合他。女孩哭了，哭得很伤心。但她没有对哥哥哭闹，她静静地离开了哥哥的城市。

这就是缘分，来的时候，你不知道珍惜，没有抓住；当你需要的时候，它已经不再属于你。如果你仍旧勉强对方给你一个满意的答案，那么受伤害的必将是两个人。也许你们两个人有缘相遇，相知，却没有相爱的分。这就是人生。

放下过去，抓住缘分

　　人与人之间能够相遇相知，或者相爱，是一种必然，其实也是一种偶然。冥冥之中总会有一个人在下一个未知的地方等待着你，而你也会在某个时间来到这个地方，同他相遇，牵手，一切顺理成章，一切浑然天成。因为这就是缘分。

　　缘分很抽象，很多巧合的机缘用常理是说不清的。也许在无意间你的目光会与另外一个目光相遇，就这么一个简单的相遇，让你们从此对彼此牵挂万分，毫无理由，说不清，道不明，一个不经意却也造成了一段姻缘。

　　缘分是命中注定的，强求无用。缘起、缘散都不需要理由，

也没有原因。人世间的缘分就是生活中的一个邂逅，然后又消失。有些人曾从两不相知到心心相印，这是缘分的功劳。可是后来随着时间的流逝和空间的阻隔，那份缘也就由浓转淡，由淡转无了。很多情缘都是难遂人愿的。不是每个人都可以拥有缘分，也不是每个人都可以抓住缘分。人世间的分合，生活中的恩怨，都是有缘无分，难以相见；有情无缘，行色匆匆。

当你的缘分到来时，不要害羞，不要胆怯，勇敢地接受属于自己的感情，抓住属于自己的缘分，享受自己的爱情。如果在你的缘分来到你的身边的时候，你没有抓住它，那你就没有理由怪别人。

曾有人说过真正的缘分就是在合适的地点，合适的时间，遇见适合你的人。一旦缘分来了，不要惊讶，不要奇怪，更不要害怕，因为它是属于你的。

缘分来了，抓住它，不要因为一时的错过而造成自己今后的遗憾，缘分走了，也不要哀伤，属于自己的，终究是自己的；不是自己的，强求也无用。

该放则放

有些东西如果它不属于你，无论你多么喜欢它都不会属于你，有些东西无论你多么留恋你也注定要放弃，爱是每个人的人生中永远也唱不完的歌。一个人一生可以经历许多爱，但千万不要让爱成为一种伤害。生活中的缘分无处不在，不管是相聚还是分离都是上苍已经安排好的，该放手的时候就放手，不要因为一时的舍不得和害怕遗憾而握紧双手，因为有时候有些缘分是没有结果的。

在一对情侣当中，当一个人对另一个人已经没有了感情，如果硬是在一起只会增加彼此的痛苦，只会让彼此的生活更加

阴暗。有的人明知道对方已经不爱自己了，却还要死守着对方，结果不仅扰乱了别人的生活，还破坏了自己的生活，让自己的人生陷入了一片混乱之中。与其让彼此在痛苦中备受煎熬，倒不如做一个大度的人，松开紧握的双手，还对方自由，更不要因为对方的离去而伤感、遗憾，而应该为对方默默地祝福，用自己的放手换取对方的幸福，这也是一种伟大。

总有人不甘心结束自己辛苦经营多年的感情，一个心结没有打开就会做出傻事。总以为可以做到一了百了，事实果真如此吗？其实这种略显愚蠢的做法完全是因为自己不想失去他，这就成了一种对感情的占有。这个世界不会因为谁的消失而消失了爱情，也不会因为一个人的飘动而断送了爱情的道路。因此，在一个不值得你爱的人身上不要做过多的停留，该放手的时候就放手。如果一个人没有了爱你的心，你空守着一具躯壳有什么用？倒不如松开自己的双手，让这个远去的心灵真正地奔赴自己的幸福，自己做出一个优雅的转身，即使自己会哭到泪流满面也绝不后悔。

一个男人和一个女人本来不认识，但在一个朋友的介绍下，两人认识了。从见面的第一眼起，女人就爱上了男人，但男人似乎对女人没有丝毫的兴趣。他只是按照朋友的话，对女人做到了一个朋友该做的一切，并没有超越男女之间的界限。

女人一直很奇怪，因为女人也是一个十分美丽的女子，但她的美丽在这个男人的眼前似乎没有丝毫的作用。女人问男人的朋友，朋友叹了一口气说道："他忘不了他的前女友。"

女人问道："他的前女友很优秀、很漂亮吗？"

朋友说道："是，最起码在他看来是。他们两个人的感情很好。"

女人再问道："那为什么要和他分手，让他独自一人痛苦呢？"

朋友说道："不是她不爱他，而是她没有了爱他的权利。在一次车祸中，她因为受伤过重抢救无效而离开了人世，如果不是那次车祸，或许他们已经做了爸爸妈妈了吧。"

女人内心一惊：世间竟有如此痴情的男人！她的内心对男人的爱恋又增加了许多。

从此，女人都在尽自己的全力照顾男人，男人喜欢吃的菜，包括他的前女友喜欢吃的，她都会做给他吃。她给他洗衣服，给他打扫房间，给他整理屋子，在他喝醉的时候伺候他睡

觉，甚至在他梦中呼唤他的前女友的名字时，她也毫不在意。

男人知道女人对他的好，但他实在忘不了前女友。车子里放着女友喜欢的歌，桌子上摆着女友的照片，在夜里睡觉的时候，他总是会梦到女友那灿烂的笑脸和临走前不舍的眼神。每到这时，他都会哭着呼唤女友的名字，直至自己醒来。

朋友也曾劝他接受别的女人，但他觉得那是对女友的一种背叛。女人为了让男人走出过去，一天她把男人带到海边，她掏出一个项链，男人认得这条项链，这是她的母亲留给她的唯一的东西。女人一言不发地看着男人，把项链在男人眼前晃了晃，然后用力将项链丢尽了大海，接着回头看着男人。

男人看着女人，然后他转身面对大海。女人看到他的眼角渗出了晶莹的泪花。经过了长时间的挣扎，男人似乎是做了一个重大决定，他把脖子上的项链取了下来，然后放在手心里看了许久许久，因为这个项链是他和女友的定情信物，终于他将那条项链用力地丢进了大海。然后转过身，他看到了向他奔来的女人。

不要因为对过去的不舍而忽略了眼前的幸福，该放且放，这才是人生。

放手的幸福

　　在人生的道路上，我们总会看到这样那样的美丽的风景，我们总是希冀两个人的爱没有丝毫的嫌隙，没有丝毫的界线，以为这样的感情才是永恒。而事实往往是，在感情出了问题时，总不知道问题出在了哪里。如果你的爱情有了暗礁，如果你们之间已经没有了感情，那么就没有必要厚着脸皮在一起，而应该放手，因为放手也是一种幸福，而不是遗憾。学会放手，让彼此的生活之路更平坦，给彼此重新生活的机会！相遇是缘，相恋更是缘，缘来则聚，缘散则散，只有放手才会重新拥抱幸福！

　　曾有心理学做过这样一个研究，有些东西你越是得不到，越是思念，也许这就是为什么许多人对自己得不到的东西无法做到放手的原因吧。很多人总是要等到迫不得已的时候才放手，结果总是落得个郁郁寡欢的下场。其实放手并没有像人们想象中的那样痛苦，相反在放手后，你会感到放手的轻松。

　　放手意味着你回到了过去，回到了你们当初素不相识的日子，在这样的日子里，也许你会收获一份真正的爱情。你可以静下心来想一想，当你拥有他/她时，你是否会有被束缚的感觉？是不是会感到疲惫，觉得自己为这份感情的付出实在太多，甚至迷失了自我？如果是这样，那么你的放手将是一个明智的选择。

　　哲人说："在合适的时候遇见合适的人，是一种幸福；在合适的时候遇见不合适的人，是一种遗憾；在不合适的时候遇见合适的人，是一种悲哀；在不合适的时候遇见不合适的人，是一种叹息。"所以，得不到就放手，给不了就转身离开吧。

　　人总是不愿抛弃过去，总愿意沉溺于往事而不愿自拔，这都是因为迷恋失去的东西。但是爱走了，就没有理由再继续了，就应该懂得放手。与其两个人共同在爱与被爱的边缘痛苦地徘徊，与其与一个已经不爱自己的人苦苦纠缠，倒不如双手

放开，让彼此过快乐的生活。

放手以后，可以去寻找真正属于自己的幸福，属于自己的一片天地，守候属于自己的感情。这不仅是对别人的宽容，也是对自己的宽容。流星固然很美丽，但它不会永在天际，只要曾经辉煌过，又何必在乎没有流星的日子？

爱本是生命中的一首动听的音乐，你可以聆听它、体验它，但你不可以占有它。红尘男女都挣脱不出情网的纠缠，逃不出爱情的旋涡，一旦陷进去就会夸大事物的美好，最后失去的也就成了最完美的了。

但是在品味寂寞的同时，想想不用再为了一个人而莫名的担心，不用再绞尽脑汁地逗那个人开心，会不会觉得轻松了许多？如果你真的明白爱情的含义，就不应该死死抓住不属于你的感情，而应大大方方地松开手，放爱一条生路，这样即使在雪花纷飞的日子里，你也会看到阳光的灿烂。

错过是为了更美好的邂逅

　　人的一生会经过很多东西，有的东西是你想要的，可是你没有把握住机会，最终眼睁睁地看着它远去。也许你会哀伤，认为自己永远也不会再遇到它了。事实真的如此吗？其实不是的。属于你的东西不论你错过几次，到最终它还会是你的，感情也是一样。错过了只是说明你们相遇的时机还不成熟，到了该见的时候自然就见了。所以错过了，也并不意味着失去。有时候错过是为了下一次更美好的相遇。

　　人总会错过一些东西，有的人会为错过的东西而忧伤，一蹶不振，但有的人并不会这样。他们会乐观地看待错过的东西，并没有因此对这个世界产生绝望，相反，他们用更好的心态来对待生活中的一切。我错过你，也许是错的，但并不代表着我们永远没有见面的机会了。

生活并不是一帆风顺的，很多时候我们需要学会放手。放手不代表对生活的失职，它也是人生中的契机。

常常听结过婚的人谈起自己婚后生活的不顺心。"婚姻是爱情的坟墓"许多人都觉得这是一句至理名言。为什么两个人都极为真实的结合最后会成为感情的障碍？为什么为了更好地拥有对方而结婚，却使两个人离得越来越远？看完下面这篇文章，也许会对我们有所启示。

3年前，我们刚结婚那时，我丈夫还没有混到如今的地步，仅仅是一个普通的职员，腰间仅有一台寻呼机。那时候为了拼出一个好前程，他忙得经常顾不上回家，而我，每天一到下班就打寻呼要他回来，生怕他在外面学坏。久而久之，他的同事都笑称他带的是一台"寻夫机"。弄得他很尴尬。回家就冲我发火："整天Call我，你烦不烦啊？"

一听这话，我的委屈如潮水一般涌上来：烦不烦——我当然烦了——正是因为关心你，爱你，害怕失去你，我才这样频频保持与你联系……久而久之，我们的感情便日渐疏远。

后来有一天，很晚了他还没有回来，我百无聊赖地依在床头看书。忽然一篇文章深深地吸引住了我的目光——《放开他，并不等于失去他》，好奇心促使我读了下去——有一个女孩，她很爱自己的恋人，和我一样，害怕失去对方，因此无时无刻不监视着他，弄得他心烦意乱，提出要和他分手，这使她很伤心。她母亲是一个很有哲学家气质的人，听女儿诉说了自己的伤心烦恼后，带她到了海边，捧起一捧沙子对女儿说："孩子，你看，我轻轻地捧着它们，它们会漏掉吗？"女儿看了一会儿，一粒沙子也没有从母亲手中滑落。就摇了摇头。接着，母亲说："我再用力抓紧它们，你看会漏掉吗？"说完，就用力去握沙子，奇怪的是她握得越紧，沙子越会从母亲的手中漏光。这时，女儿忽然明白了，爱情和沙子一样，握得越紧，就越容易失去。

读到这里，我的心头豁然一亮，是啊，为什么一定要像握沙子一样握紧他呢？作为男人，他有自己的事业，有自己的天空，为什么不放开他，给他一定的自由呢？

从此，我改变了很多，不再老是追根究底地查他的去向，他对我的态度也因此有了明显改善。

后来，他说："阿华，我不得不告诉你，你感动了我——本来我是打算与你离婚的，因为以前的你使我无法忍受。每天我回来这么晚，就是为了激你发火，让你和我大吵大闹，这样，我就可以下狠心离开你。可现在的你，让我再也离不开了。"

望着他沉痛忏悔的表情，我忽然明白，放开他，我真的没有失去他。

生活就是如此，婚后的夫妻相处更是一门学问。有时候将对方抓得太紧就表示你不信任对方，当他感受到这一点后就会想从你的手中挣脱，这样的婚姻怎么会幸福呢？然而当你表现得对他信任感足时，你的"放手"才能更牢靠地将他抓住。

有的人总认为和自己心爱的人错过了是一种遗憾，其实错过也是好事，起码错过还能说明你们曾见过面，对彼此还有模糊的印象，对于那些本该在一起的人，却连错过的机会都没有，他们只能在各自的世界里等待对方的出现，可是等了一生也没有等到自己渴望的人。只能匆匆选择一个人度过一生。错过也是一种邂逅，这种邂逅是你们缘分的象征，它不是失去，

因为你们只是错过，并没有得到过彼此，也就谈不上失去了。

安是一个事业有成的男人，而英是一个普通的"上班族"。他们本来谁也不认识谁。

一天，天下着瓢泼大雨，而不幸的是今天英居然忘了带伞。英只好无奈地站在公交站牌下等车。雨下个不停，公交车还没有来。眼看这车站上的人一个又一个上车离去，英顿时很懊恼自己今天竟是如此的粗心。

安开着自己的车子在雨中行驶，他开得不是很快，他喜欢下雨，喜欢看雨中的一切，忽然一个靓丽的身影映入眼帘。在公交车站上站着一个女孩，个子虽不高但长得很有气质，雨水淋湿了她额前的秀发，安看着看着竟不由自主地放慢了车速，最后停在车站的路边。

一辆又一辆公交车来了又走，女孩依然在车站等待，也许是她的车还没来吧。安这样想。其实眼前的英很让安动心，雨中的她显得很纯净自然，就像一朵刚刚盛开的白玉兰，纯净得让人忍不住多看几眼。

安就这么看着，他不知道自己能不能邀她上车，然后送她回家，因为他们素不相识，即使他邀请了她，她也未必会答应。安在心里猜测着。

雨就这么下着，安就这么看着，英就这么等着。

终于，英的车来了，她上车走了。安看着她上了公交车，看着她在公交车里行走，他忽然觉得自己很失落。是因为她吗？他们并不相识，可是为什么自己不开车呢？难道自己真的喜欢上了一个素昧平生的女孩？安摇了摇头，发动了车子。

就这样，安和英继续着自己的生活，英并不知道那天有一个人在注视着他，并不知道当时的她在别人的心海里激起了层层涟漪。

安曾后悔自己没有走出车子，假如当初他走出了车子，也许他现在就知道她是谁了。可这都是假如。安独自笑了笑，其实错过了也好，虽然错过了，但在彼此的心里留下了美好的回忆，这也是一件美事，何况自己真的邀请她上车，她也未必会同意。

错过就错过吧，错过并不代表着失去，更何况自己并没有得到她，哪来的失去呢？

人的一生总要错过很多，错过之后总会有人在遗憾，后悔，殊不知，错过有错过的美丽。错过了彼此，也许是对的，也许是错的，其中没有衡量对错的标准。即使两人没有错过，两个人在一起了，也未必就是正确的。只要爱过，痛过，就结束吧，这只是一个过程，把它留在记忆里，也许会演变成美好。

错过也美好

错过了太阳不要哭泣，如果只是哭泣，那么你将错过月亮；错过了月亮不要流泪，如果只是流泪，那么你将错过繁星；错过了繁星不要遗憾，如果只是遗憾，那么你将错过流星。人生是由许许多多的错过组成的，不要因为一时的错过而悔恨，如果只在意眼前的错过，那么你将会有更大的错过。这一次的错过也许是下次邂逅的开始，错过并不意味着失去，而是意味着更完美的开始。

一件美好的事物错过了，固然会让人伤心，让人牵挂，但不应该让自己对美好事物的牵挂扰乱了自己的生活，这样就不

合适了。

　　在这个世界上，也许有无数个错过。也正是错过了，所以才让我们对事物看得更清，对事物的评价更准确，有时候错过也是一种美丽。

　　生活中总有太多的错过，几多忧愁，几多相思。在我们停留在错过的遗憾的不经意间，许多更美好的事物和回忆与我们擦肩而过。也许那些在不经意间错过的才是最美好的，如果我们只会停留在眼前错过的伤感中，那么我们会错过更多。

　　人们总喜欢把错过和失去当成人世间最遗憾的事情，为什么不把错过看作人生最美的邂逅呢？凭着自己对未来的憧憬，告诫自己努力前行，在每一个相思的日子里，在每一个翘首以待的时刻，幸福地过着今生的分分秒秒，这样的错过也是人生一道美丽的风景。

　　曾有一个人在熙攘的人群中看到了一个令自己怦然心动的背影，于是这个人便拼命挤到这个背影的身边，希望一睹她的芳容。可是当他看到这个背影的容颜时，差一点惊叫出来。背影姣好的她脸上竟然有那么多的青春痘，而且眼睛是那么小，鼻子还不是高挺的鼻子。这与自己所设想的"正面"简直就是天壤之别！他逃也似的离开了，原本打算搭讪的话也吞到了肚

子里。

　　如果这个人能够抑制住自己的好奇心，能够珍存眼前的"背影"，而不是要看到对方的真实面目，那么自己也就不会受到如此大的打击了，还不如错过，错过还可以保留自己对她的一份完美的想象，而抓住了，反而让自己得到了满腹的失望。

　　这就是人生，当你对眼前自认为美好的事物想象着它的真实面目时，一旦你看到它完全相反的本真时，自己的心灵就受到了重重的打击。所以说，错过有错过的美丽，错过并不意味着失去，而是意味着你可以保留对它的完美想象，而不是见到本真的失望。

舍得放手，痛苦开溜

当亚当和夏娃偷食禁果之后，人类的历史上便多了一样东西，这种东西伴随着人类的历史而演变，发展，进步，人类对它的认识也更加清晰和深刻。它就是爱情。生活因为有了爱情而变得多姿多彩，荒漠因为有了爱情而不再是荒漠一片。可是，并不是每个人都可以永久地拥有爱情，有的人拥有爱情一段时间后，在不知不觉中就失去了，于是人们痛哭流涕，但他们不曾明白，失去的爱情也是一种收获。

生活中，舍与得永远维持着平衡。有的人得到了财富却失去了最真的亲情，有的人得到了智慧却失去了追求的快乐，有

的人实现了自己的梦想，却是以自己的健康为代价……在爱情的道路上，舍与得也在维持着它们的恒定。如果他弃你先去，你不必感伤，因为你要学会放手，去寻找属于自己的幸福。如果一个人不会舍得，只是渴望全得，那么你将失去更多。因为，在我们拥有的时候，也许有的东西正在失去；而在我们放手的时候，有些东西在无形当中进入了我们的生活……明白人知道舍得的道理，懂得真爱的人舍得牺牲，用自己的牺牲来换取他人的幸福。面对失去的爱情，愉快地忘记吧！

恋爱中的两个人，如果一个人硬是把失恋看作人生的终结，看作世界的末日，那么只能说明他是一个愚蠢的人；如果一方因为对方的拒绝而深陷痛苦无法自拔的话，只能说明他欠缺理智。相反，当对方离你而去时，你知道适时地放手，失败的感情也有美丽的洒脱。既然走就让它走吧，考虑再多也是无用，没有了那个人地球照样转，生活照样继续，让时间冲淡过去的伤痕。要爱，就要会放手，舍得放手。

牡丹不属于梅花盛开的季节，没有一个人是那场爱情的主角。也许放手会是一种绝望，会是一种深入骨髓的痛。当你与曾经很珍爱的人陌路相逢时，你会在恍然间明白，原来曾经的天长地久只不过是眼前的萍水相逢。也许你们都以为彼此可以牵着彼此的手，就这么静静地走下去，一直走到生命的尽头，可是，当你们放手后才明白，所有不过是两条平行线在偶然间的交汇，当一切都归于平静时，平行线依旧平行，即使近如咫尺，但各自的心灵已是天涯相隔。

也许在松开双手的时候，你会悲伤，你会莫名地为一首曾经一起听的歌而哭泣，为一件彼此喜爱的东西而流泪，总觉得松开手的生活满是黑暗，总觉得人生没有了意义。总觉得放手的痛苦在折磨着自己。可是，当时间久了，日子长了，那种痛苦也就淡了，心也就归于平静了，而自己曾经以为无法忘掉的人也变得模糊起来。

放开手，就意味着放开了过去，意味着抛弃了过去的伤感，过去的痛苦，过去一切的一切。放开已经没有可能的爱情未尝不是一种快乐，未尝不是一种收获。经过了失恋，我们会变得更成熟，更理智，但我们在寻找新的幸福的时候，我们会更加投入。所以，舍得放手，也是痛苦的结束。放手吧，不要让爱成为彼此沉重的负担，放开自己的双手，让对方的爱情在她的天空里自由地翱翔吧！

虽然失去了爱情，但你明白了生活，学会了珍惜；失去了爱情，没有了痛苦的折磨，收获了生活的智慧，这也是值得的。

失去了爱情，收获了自由

　　爱其实是一种过程，经历得多了，也就会懂得珍惜以后的感情。一段感情结束了，如果自己真的爱过，那么伤心和痛苦是必然的。但如果分手以后依然为了他抛弃了自己的一切，那么这就是蠢人所为了。只有学会了忘记，你才能够丢掉失恋的忧伤，才会拥抱快乐。爱不应该成为人生的牵绊，学会放手，从容地淡化出对方的世界。这时，你会在瞬间成长起来。舍弃不爱自己的人，舍弃不适合自己的爱情，去接受另一种收获。

　　放弃了悲伤，你将会收获快乐；放弃了痛苦，你将得到幸福；放弃了冬天，你将不再寒冷；放弃了软弱，你将变得刚

强；放弃了不属于你的爱情，你会收获自由……在人生的岔路口，需要我们放弃一些东西，学会放弃，可以让我们更轻松地行进在人生的道路上。在这个世界上，有许多东西并不属于我们，如果我们强留在自己身边，我们也不会舒坦。

枫和云是一对恋人。他们在无意间遇到了彼此，然后就不可救药地爱上了彼此。枫喜欢云的可爱，云喜欢枫的帅气和成熟。在恋爱的日子里，两人总有说不完的话，工作的时候自然不能说情话，只好在下班的时候互相倾诉思念的痛苦。每晚的10点，是两个人煲电话粥的时刻。

也许爱情就是这样，在经历过了高温时期之后，到了降温的时候了。云渐渐地"忙"了起来，忙得忘了给枫打电话，忘了在晚上睡觉之前对他说一句"宝贝，晚安"，原本枫以为云是真的忙，并没有在意云的表现。

日子就这样一天一天地过去，枫和云的矛盾渐渐地凸现，枫不喜欢云的虚荣，云不喜欢枫的耿直。渐渐地，两人的感情冷淡了。渐渐地，云减少了给枫的电话，并且也不再像往常那样向枫报告每天的行踪，枫反而觉得自己轻松了许多。

一天，枫赶着要见一个客户，在无意间他看到了一个很

像云的背影的女人上了对面路边一部很豪华的车子，他急忙追上前去，希望看清这个人是不是云。可是，他迟了一步，当他赶到对面时，车子已经绝尘而去，而车子里的那个女人像极了云。枫不相信地摇了摇头，见客户去了。

可是，当他晚上给云打电话的时候，云在电话里告诉他说要分手。枫问为什么？云说，跟他在一起，他感觉不到浪漫，枫知道云这么说是嫌弃他没有钱，他也知道自己给不了云她想要的东西，便同意了。

分手后的枫并没有一蹶不振，而是把自己的精力全部投入工作中去。他觉得自己此刻可以自由地工作了，再也不用听别人的唠叨了。由于枫的勤奋和努力，不久，他被提升为公司的副总。

也许让我们舍不得的那个人只是我们生命中的一个匆匆过客，我们没有理由挽留，因为有些人和事不是我们的挽留可以留下的。世上的一切本身就充满了矛盾，每个人都不可能拥有自己想要拥有的东西，只有懂得放弃才会得到更多。

放下也是一种爱

在人们的眼里，相爱了，就可以永久，就是厮守。事实并不是如此。在爱的这条路上，不是每个人都可以走完，世事变化无常，没有人会知道下一秒自己会怎样。

有一对恋人，两个人是同乡，身在异乡久而久之就产生了感情，虽日子不算太长，但两人非常相爱。有一年春节，女孩忽然想去看望男孩，但不凑巧的是，当女孩到达男孩的家里时，男孩的家大门紧闭，邻居告诉她说男孩去探亲了。由于女孩也赶着要回工作的城市，两人在这个春节没能见上一面。若干年后，两人亦已各自成家，子女也慢慢地长大成人。可是两

个人的心里依然深爱着对方，但最终两人没有走在一起。也许是缘分吧，男孩既然已经没有机会了，就不要再打扰彼此的生活了。也就是在同时，两个人选择了分手。因为相爱，所以不想再用这份爱来伤害对方。

如果一个人在离开我们时可以更幸福，那我们就应该笑着放手，成全他/她的人生。就算今生无法一起白头到老，也要给彼此留下美好的回忆。无论何时，只要心中有爱，就能一路走好。若干年后，当我们回首往事时，我们会感激自己的放下，因为这些"放下"，变得更坚强，更乐观！

世上表达爱的方式多种多样，放手也是其中之一。如果这样做可以让你爱的人得到幸福，为什么不这么做呢？为什么要让她跟你一起在痛苦中过完自己的一生呢？爱一个人，就应该随缘而遇，随遇而安，让深爱的人自由地飞翔，只要他/她是你的，终究会飞回你的身边。如果不是你的，即使你把他/她拴在你的身边，你也不会感觉到幸福。

相爱的两个人，即使最后没有在一起，也不必为之伤心，至少那过去的点点滴滴证明你们曾经深爱过对方。正如培根说的，如果一个人没有经历过刻骨铭心的爱，那他/她的人生就不是完整的。能够拥有一份刻骨铭心的爱情的人并不多，如果拥

有了，又何必追求天长地久呢？

放下依恋，让对方往更多幸福的方向飞去，也是一种成全。如果不能厮守，就为对方祝福吧。爱是自私的，也可以是伟大的。放下自己的私心，成全爱人的幸福，这种爱才是伟大的爱。

爱有很多表现形式，在人们眼里，相敬如宾，相濡以沫才是爱情的至高境界，其实，在我们的生活中，爱的最高境界是放手。如果你给不了对方幸福，为什么还要捆绑住对方呢？每个人都有追求幸福的权利，我们不应该剥夺别人的权利，我们的义务就是让自己深爱的人更幸福，而不是更痛苦。

宋月和孟伟是大学里的恋人，两人在大学里苦恋了4年。毕业后，双双考上了研究生，不过是两地相思。但这并不影响两个人的感情。

在同学们眼里，他们是天造地设的一对。在大家眼里，如果哪天他们分手了，那世界上的人都不相信爱情了。但人算不如天算，事情还是发生了变化……

在相恋5年的那个情人节，孟伟突然对宋月提出了分手。宋月对这个要求似乎并不惊讶，因为孟伟在最近的一段时间里

很少给她打电话，而且在打电话的时候也总是回避谈他的现况，只说一些过去伤感的话题。但是她仍然不愿意相信，这一天会来得这么突然。于是就问孟伟："为什么？"

电话那端的孟伟沉默了很久说："我对不起你，在这分离的日子里，我爱上了别人，背叛了你。"

听了孟伟的话，宋月愣住了，因为她没有想到自己那么信任的孟伟竟然会在短时间内变心。泪水模糊了双眼，宋月哭着说："我们不是说好了，研究生毕业我们就结婚吗？我们还一起规划好了我们的未来，我们还打算一起生一个孩子，为什么现在要抛弃我？为什么？"

"对不起，在分开的这段日子里，有一个人慢慢地闯入了我的生活，闯入了我的内心。我发现我已经爱上她了，但我又不能欺骗你，因为这样对你不公平。所以，我决定告诉你，对不起，我不想欺骗你，也不想欺骗自己。"

宋月笑了笑，顿了顿说："好吧！我同意分手，希望你幸福。我们以后也不要见面了。"说完，就挂断了电话。

毕业之后，宋月一直都是单身，她从没有想过找男朋友，

而是全身心地投入工作中去。

在偶然的同学聚会上，她遇到了大学好友李威，李威是孟伟在大学的哥们儿，于是两人也成了朋友。他们聊着彼此现在的生活，突然李威说："宋月，不要恨孟伟。其实他很爱你，一辈子只爱你一个人是他对你的承诺，他也确实做到了……"没等李威说完，宋月就打断他的话，说："不要提他了，过去的就让它过去吧。还是说说你吧。"李威说："不，我一定要说，你也必须听。因为我不想让你误会孟伟一辈子，其实孟伟在上个月走了，他已经去了另一个世界。"

宋月浑身战栗："什么意思？"

李威低下头，沉默良久说："孟伟得了癌症，已经……"

看着李威潮红的双眼，宋月心如刀割。

"孟伟知道自己得了不治之症，知道他给不了你幸福，但又不敢告诉你真相，怕你受不了，于是就撒谎分手，说不能耽误了你。其实，你一直都是他的最爱。"

听到这个迟来的真相，宋月快崩溃了，她几乎说不出一句话，只能任由眼泪疯狂地流淌。

喜欢一个人并不意味着拥有她/他，而是要珍惜她，要学会祝福，让她/他快乐。如果你做不到，那就慷慨地放手吧，在这个时候，放手是最好的爱的方式。当我们无法保证一个人的幸福时，就放爱一条生路。因为放弃也是一种爱。

爱一个人就是让你爱的人能够得到幸福，可事实总是相爱容易相守难。爱是一个过程，不是一个片段。有缘分的人可以做到相守一生；没有缘分的人只能在短暂的甜蜜之后说分手。如果分开可以让自己爱的人得到幸福，倒不如放开双手，成全对方的幸福。如果只知道把自己的双手越握越紧，结果势必是爱成为两个人的负担。

很多人都渴望能够与自己的爱人相守到老，可是当爱已成往事，相守就成了一句说不出口的话。如果已经不再相爱，就不要成为爱人的羁绊。相遇是缘，相守亦是缘。不能相守只能是缘分尽了，并不是对方变心了。什么是真爱？真爱就是能够为自己深爱的人有所牺牲，有所付出。只要心中有爱，不能相守也是美好。

攥得越紧，越容易失去

手中的沙子是不是攥得越紧就越不易掉下去呢？感情是不是攥得越紧就越稳固呢？相信很多人都知道答案。手中的沙子攥得越紧漏得越厉害，感情攥得越紧也越容易出问题。感情犹如手中的沙子，攥得越紧，失去得越快。

曾经有人这样形容婚姻："婚姻如同好八连的光荣传统：新三年，旧三年，缝缝补补又三年。"而现实中的婚姻有时候连三年都不到，有的是新一年，旧一年，缝缝补补多一年，有的甚至还不如此。

在婚姻中，维系夫妇双方的关键就是感情。一段婚姻如果

连感情都没有了，那么婚姻也就什么都没有了。婚姻的牢固与否关键要看感情的稳固与否。感情稳固了，不管生活中两个人有多大的矛盾和摩擦，都会将这些生活的不和谐一笑而过。

感情就像一只小绵羊，每对恋人在一起的时候如同共同牵着一只小绵羊，绳子扯松了，绵羊会不听话，甚至会肆意狂奔；绳子紧了，会把小绵羊勒死。感情攥得越紧，会让感情越没有呼吸的空间，无法呼吸的感情终有一天会死亡。

有一对小夫妻，两人在新婚之初，整天恩恩爱爱的，做什么事情都要两个人同去，哪怕其中的一个人去趟卫生间也要同去。但是，这样的情形持续了没多久，生活中的琐碎事情慢慢地破坏了二人感情的和谐。顿时生活变得索然无味起来，二人的感情也远远没有新婚时浓烈的温度。

经过了不到一年的时间，两人经常吵架，附近的邻居经常听到他们家吵闹的声音，偶尔也会传出"噼里啪啦"的声音，是两个人在争吵过程中摔打东西的声音。又过了一段时间，就不只是家里"噼里啪啦"的声音，偶尔还会从窗户中飞出莫名其妙的东西。在夜深人静的夜晚，当人们都在熟睡的时候，经常会被妻子歇斯底里的哭声震醒，还会伴随着丈夫"咚咚"敲

击墙壁的声音。这样的家庭战争总是接二连三地发生，似乎两个人一天不闹过不去一样。

　　终于有一天，两个人闹累了，也就离婚了。

　　也有人把婚姻比作一张白纸，其实感情也同婚姻一样。感情好的时候，就在白纸上画出五彩缤纷的图画；当感情不好的时候，也就没有心思在上面吟诗作画了，在生气之极的时候，还会一把将纸一分为二，这时也就是感情和婚姻的结束。

　　在这个追求个性的年代，人们处处在宣扬着人权人性，感情在这样的氛围中也变得越来越浮躁。感情就像是攥在手里的沙子，攥紧了，沙子会从掌心溢出来，攥得松了，会从指缝中漏出来。抓多了不好，抓少了也不行。

　　人们总是抱怨自己找不到感情的归宿，可又有几人想过松开攥紧感情的双手？攥紧了，怕对方受不了，攥得松了，对方会说你不够爱他。来来回回折腾几遍，感情中的人们慢慢地便对感情丧失了耐性，双手握紧，瞬间感情因窒息而亡。

　　感情攥紧了，对方会说你没有给他自由，会说跟你在一起如同坐牢一样。这样的感情早晚都会走向分崩离析。攥紧的感情往往会让另一个人觉得自己的生活没有了色彩。感情也像一个风筝，你把线扯紧了，风筝便无法飞翔，还会从天空中栽下

来。是你的感情，即使飞得再远，它也会飞回到你的身边；不是你的，再怎么扯紧，它也会因为绳子断了而远去。

感情宜松弛有度

感情是两个人辛辛苦苦经营起来的宝塔，如果两个人不知道如何维护它，就好比是自己亲手将自己建造的宝塔摧毁。沙子一样的爱情需要的是松弛有度，攥得越紧，感情流失得越多也越快，慢慢地，感情的深潭就会成为一片荒漠。恋爱中的双方要互相信任，给对方充分的自由，不要怀疑对方的忠诚，否则压抑的感情是没有明天的。

感情不是一个玩偶，任凭你摆弄来摆弄去，摆弄久了，感情就没了。感情需要经营，却有一定的限度，并不是你爱怎样就怎样。松弛有度的感情才会牢不可破，就像一根弹簧绳一

样，能紧能松才不会断。

松弛有度的感情犹如一曲有着和谐韵律的曲子，不管怎么听都不会感到厌烦，而松紧无度的感情就好比只有低音或者只有高音的音乐，听得多了，会让人崩溃。聪明的人在感情中知道如何让自己的感情没有压迫感，因为有压迫感的感情是不会长久的。

有一个女孩，在广州打工的时候认识了一个盲人小伙子。女孩是在一家盲人按摩店认识这个小伙子的，小伙子是这家店里的按摩师。小伙子虽是一个盲人，但长得很是帅气，并且每天都是让自己干干净净的。经过培训后，女孩顺利留了下来。

在接下来的日子里，女孩与小伙子总有说不完的话，两个人经常拿自己开心的事与对方分享。女孩曾抱怨命运的不公，但当她看到小伙子时，她对生活便有了新的认识。随着两人认识的加深，慢慢地两个人便产生了感情。不久，小伙子把自己和女孩的恋情告诉了他的父母，他的父母听说后便赶到了广州，看自己未来的儿媳妇。

但女孩并没有告诉自己的父母自己爱上了一个盲人。过了一段日子，男孩的父母要男孩和女孩回老家创业，女孩便跟着

男孩来到了男孩的家乡，两人在男孩的家乡开了一家盲人按摩店。

不久，女孩背着自己的父母跟男孩结了婚。起初婚后的生活是温馨平静的。可是过了没多久，男孩便对女孩不放心了。只要女孩与男客户聊天聊得多了，男孩便会脸色大变。等到客人走了，他便会对女孩大发脾气。每天早上女孩都会送孩子去幼儿园，过后也不急着回家，她便会在街上逛逛，可谁知男孩在家里掐点算着女孩的时间，当女孩回来后他便会盘问女孩的去向。日子久了，女孩便觉得自己的生活很压抑。

在夜里，女孩独自哭泣，但男孩无动于衷。久而久之，女孩觉得自己很委屈，男孩也觉得自己这样做不合适，但他不愿意向妻子道歉。结果，妻子受的伤越来越重，提出了离婚。

松弛有度的爱情，是不会在时间的流逝和生活的枯燥中变质的，就像文中的小伙子一样，他用尽全力想要把自己的妻子留在自己的身边，可结果失去了妻子的爱和信任。如果他能够松一下手，相信他们的感情会像起初那样坚不可摧。

松弛有度不是说你对对方的事情想管就管，而是要抓住时机地管，不要盲目，否则一样会走入感情的误区。爱情都有一

个保鲜期，如何让自己爱情保鲜，这才是重要的。松弛有度的
爱情就是有了一个永久的保鲜期，这样的爱情永远不必担心它
会过期。

放不下，怎会轻松

　　一个人在行进中如果背负着沉重的包袱，那么他是不会走得太快的，而且还会很累。人生就像在登山，如果你抛弃了人生的包袱，那么你登山的脚步会更轻快。可是，生活中总有那么多的人，在登山的时候愿意背负着重重的包袱，明知很累，却不愿意丢下，在这些包袱中，感情就是其中之一。在有的人身上，感情是唯一登山的包袱。他们总以为放下了感情，自己就没有了登山的动力，殊不知，放下了，你才不会痛苦，才会更有精力去"登山"。

　　人生有很多痛苦，因情而痛是最平常，也是最多的。很多

人明知自己无法承受住感情的痛苦，却还迟迟不愿卸掉痛苦的行囊，认为放下了感情就迷失了自己，连痛苦也感受不到了。其实，这只是他们的想象，生活中也有很多人，他们在爱情受伤后，抛弃了爱情带来的伤害，反而生活得更精彩。所以，放下了才不会痛苦，才会从痛苦中解脱。

有的人会说，放下感情，说起来容易，做起来难。确实，放下曾经的深厚感情，不是每个人都可以做到的。放下的过程也是痛苦的，因为放下就意味着你从爱情的战场上退出，就意味着你没有了拥有的机会。但如果不放下手中的东西，你怎么用你的双手去抓住更多的东西？这是生命的无奈，也是生命的必需。生活给予我们每一个人的都是一座宝库，一座花园，要想管理好自己的宝库和花园，就必须学会放下。

有一位高僧，他十分喜爱陶壶。只要他听说哪里有壶的佳品，他都会不顾一切地亲自鉴赏。在他收集的茶壶当中，有一个龙头壶最受高僧的喜爱。

一天，一个许久没见的朋友前来拜访，高僧拿出这个钟爱的茶壶为他泡茶。朋友也甚是喜欢这个龙头壶，一直对它赞不绝口。但是，在把玩的过程中，朋友一个不小心将茶壶掉到了地上，茶壶顿时成了碎片。

　　高僧没有说什么，只是蹲下身子，收拾起茶壶的碎片，然后拿出另外一只茶壶给朋友泡茶，谈笑，并没有不高兴。

　　朋友走后，弟子问他，这是师父最喜欢的茶壶，被打破了，师父不难过吗？

　　高僧说，事实已经是这样了，再留恋茶壶有何用？不如重新寻找，也许还会找到更好的。

　　在我们的生活中，我们总会对这样那样已经发生的事情耿耿于怀，殊不知这是一种多余的举动。与其抱着无用的烦恼，不如放下烦恼，开始新的生活。拿得起，放得下，才是正确的人生态度。

　　放下痛苦，才不会痛苦，才会让自己更放松。用一颗平淡的心相守生活，这何尝不是人生的一种幸福呢？

　　人生的痛苦由谁决定？当然由自己决定。如果抱着旧情很痛苦，不如放下，只有放下了，才不会痛苦。人生的不如意有那么多，如果我们都抱着不放，那么我们还怎么轻松地生活？人的一生有很多东西需要拿得起，放得下，就好比爱情。痛苦的爱情只有放下了才不会痛苦。

　　一个男孩曾经与自己的女友一起做过这样一个心理测验，

题目是这样的：如果钱包、钥匙和电话本这三样东西同时丢了，选出对你来说最重要的。女友选择了电话本，而他则选择了钥匙。最后答案说明，女友是一个怀旧的人，而他则是一个追求现实的人。后来他们分手了，女友确实总是因为过去的事情而不快乐，大学未果的爱情至今还让她念念不忘，而这个爱情的男主人公则早已为人夫、为人父。女友的心永远生活在过去，所以错过了一个又一个不错的选择，一直单身。

很多人在我们的生命中只是过眼云烟，倘若深陷其中就是一种自虐。不放弃那些如泥沙一样的烟云，又怎能看到生活的彩虹？佛家有云："苦海无边，回头是岸。"可是，有的人就喜欢执迷不悟，就喜欢自寻烦恼。生活中的垃圾该丢掉的时候就丢掉，情感上的垃圾也应如此。

放下执着，给自己一个机会

　　人的一生就像是一趟列车，在列车上我们可以看到沿途的美景。如果每走一段路，我们都把过去的美景放在心里，那我们不仅没有心情欣赏新的美景，而且还会因为对过去美景的不舍而徒增烦恼和痛苦，经过得越多，痛苦也就在不断地累积，日子久了，自己也就成了"痛苦集中营"。爱情没了，就让他随风而逝，生活照样继续。放下了，就没有痛苦了，当我们静下心来回想过去，也就没有了遗憾，有的只是对人生的感悟和淡定的心。

　　如果一份感情走到了尽头，就没有必要把自己的精力继续

投入进去，那样只是在增加徒劳的牺牲。生活不需要无谓的执着，适度的放下是一种豁达，放下沉重给自己一份轻松，遭遇情感的旋涡不要气馁，不要退缩，放下所有的负担，调整好心态，给自己一个重新开始的机会。

　　生活没有绝对的绝境，当无路可走的时候，就退后一步，放弃原来的选择，也许这样就可以走出生活的迷宫。如果为了一段没有希望的感情，而放弃自己整个人生，那么这种付出是不值得的。不放下得不到的感情，只会让我们更痛苦，只会让我们的人生更加不完整！

　　执着是一种人生的信念，是一个人对自己心中的目标永不停歇的追求。当你执着于一种东西时，你便放弃了另外一种东西，而这种执着的前提是你的这种执着是正确的。

　　诚然，放下曾经的爱，放下相爱的岁月，放下自己的回忆不是一件容易的事情。但是死守诺言与死守着本已枯萎的爱情，其本身就是对自己的不负责，就是对自己的苛刻，也许我们放不下的是那段青春岁月，放不下的是那个人曾经的温柔。但是随着时间的流逝，岁月的轮回，脑海中的那个人会发生很多变化，我们曾经的爱人与场景也在不断变革，如果我们仅仅活在记忆里，不仅蹉跎了我们的青春，还浪费了我们的时间。

所以该放则放，是一种勇敢，是一种气魄，该放下的放下，才能为新的生活腾出空间，才能让枯燥的生活多一些斑斓的色彩。

第四章

放下是一种觉悟，更是一种自由

放下——修身养性的最高境界

俗话说："万事有得必有失。"得与失就像小舟的两支桨、马车的两个车轮，相辅相成。佛家讲："舍得，舍得，有舍才有得。"失去是一种痛苦，也是一种幸福。所以，丧失与收获、追求与放弃，本就是生活中最平常不过的事情，我们应该以一种平和、乐观的心态看待得失。

要想采一束清新的山花，就得放弃城市的舒适；要想做一名登山健儿，就得放弃娇嫩白净的肤色；要想永远拥有掌声，就得放弃眼前的虚荣。梅、菊放弃安逸和舒适，才能得到笑傲霜雪的艳丽；大地放弃绚丽斑斓的黄昏，才会迎来旭日东升的

曙光；春天放弃芳香四溢的花朵，才能走进硕果累累的金秋；船舶放弃安全的港湾，才能在深海中收获满船鱼虾。

郁达夫说："勇者并不是蛮勇之谓，凡见义不为为非勇，欺凌弱小为非勇，贪图便宜、使乖取巧、自私自利皆为非勇。"

一位作家多年前在日本某寺求得一帖，是为上上大吉。帖中许多内容都已忘怀，唯有一句因为经常炫耀的缘故他牢牢记下了：遗失之物能够找到，等待之人一定会来。的确，没有比这更值得炫耀的预言了，把它移赠给谁都是吉祥祝福：前者为失而复得，后者则是如愿以偿，人生几乎不再有缺憾。

其实，人要有所得必要有所失，只有学会放弃，才有可能登上人生的巅峰。

该放就放，当松则松，这是一种智慧，也是一种洒脱。生活并不是完美无缺的圆，正因有了残缺，我们才会有梦。放手也需要一种勇气，洒脱地将目光放在前方，才有可能远眺极致的风景。

放弃是一种智慧，放弃是一种豪气，放弃是真正意义上的潇洒，放弃是更深层次的进取！你之所以举步维艰，是你背负太重，你之所以背负太重，是你还不会放弃，功名利禄常常微笑着置人于死地。你放弃了烦恼，你便与快乐结缘；你放弃了

利益，你便步入超然的境地。

今天的放弃，是为了明天的得到。干大事业者不会计较一时的得失，他们都知道如何放弃、该放弃些什么。

学会放弃吧，放弃失恋带来的痛楚，放弃屈辱留下的仇恨，放弃心中所有难言的负荷，放弃浪费精力的争吵，放弃没完没了的解释，放弃对权力的角逐，放弃对金钱的贪欲，放弃对虚名的争夺……凡是次要的、枝节的、多余的，该放弃的都应放弃。

放下，是一种境界，是通往幸福的一条必经之路。

放下是一种觉悟，更是一种自由

一老一少两个和尚一起到山下化缘，途经一条小河。两个和尚正要过河，忽然看见一个妇人站在河边发愣，原来妇人不知河的深浅，不敢轻易过河。老和尚立刻上前去，把那个妇人背过了河。

两个和尚继续赶路，可是在路上，老和尚一直被小和尚抱怨，他说："师父，作为一个出家人，不应该沾女色，你怎么能背个妇人过河？"

老和尚一直沉默着，最后他对小和尚说："你之所以到现在还喋喋不休，是因为你一直都没有在心中放下这件事，而我在放

下妇人之后，同时也把这件事放下了，所以才不会像你一样。"

小和尚听了，顿时哑口无言。

故事里的小和尚确实很可笑，喋喋不休地指责师父。背的人还没说什么，看的人却这般过不去，实在是因为他的心胸狭窄。

其实，生活原本是有许多快乐的，只是我辈常常自生烦恼，"空添许多愁"。许多事业有成的人常常有这样的感慨：事业小有成就，但心里空空的，好像拥有很多，又好像什么都没有。总是想成功后坐豪华游轮去环游世界，尽情享受一番。但真正成功了，仍然没有时间、没有心情去了却心愿，因为还有许多事情让人放不下……

对此，台湾作家吴淡如说得好："好像要到某种年纪，在拥有某些东西之后，你才能够悟到，你建构的人生像一栋华美的大厦，但只有硬件，里面水管失修，配备不足，墙壁剥落，又很难找出原因来整修，除非你把整栋房子拆掉。你又舍不得拆掉。那是一生的心血，拆掉了，所有的人会不知道你是谁，你也很可能会不知道自己是谁。"仔细咀嚼这段话其中的味道，我辈不就是因为"舍不得"吗？

很多时候，我们舍不得放弃一个放弃了之后并不会失去什么的工作，舍不得放弃已经走出很远很远的种种往事，舍不得放弃对权力与金钱的追逐……于是，我们只能用生命作为代价，透支着健康与年华。但谁能算得出，在得到一些自己认为珍贵的东西时，有多少和生命休戚相关的美丽像沙子一样在指掌间溜走？而我们很少去思忖：掌中所握的沙子数量是有限的，一旦失去，便再也捞不回来了。

　　自在的快乐便是佛家所说的那种境界，"要眠即眠，要坐即坐"，如果一个人茶饭不宁，百种需求，千般计较，自然谈不上是真正地放下，又如何去感受快乐？

放下一切，才能开始

有人说，世上从来没有命定的不幸，只有死不放手的执着。所以，不要总是羡慕他人的自在与洒脱。他们获得幸福的原因也很简单：不执着于缘。懂得放下，就可以开始新的人生，也易得逍遥，快乐无穷。

南怀瑾心中对那些逍遥的人很倾慕，认为这些人真正能够做到"放下"二字。做了好事马上要丢掉，这是菩萨道。相反，有痛苦的事情，也是要丢掉。所以得意忘形与失意忘形都是没有修养的，都是不妥的。换句话说，便是心有所往，不能解脱。一个人受得了寂寞，受得了平淡，这才是大英雄本色。

无论怎样，得意也是那个样子，失意也是那个样子，到没有衣服穿，饿肚子仍是那个样子，这是最高的修养，就像孟子说的"富贵不能淫，贫贱不能移，威武不能屈"。不过，达到这种境界太难。

真正的人生该如何过呢？南怀瑾先生认为重点在"随"字。时空的脚步永远是不断地追随回转，无休无止。子在川上曰："逝者如斯夫。"河水能够冲走泥沙与污浊，时间能够抹去人类的一切活动痕迹，世间没有永恒不变的东西，也没有绝对的真理和绝对完美的事物，人所能做到的就是"随"，顺时顺应，随性而走。

庄子临终前，弟子们已经准备厚葬自己的老师。庄子知道后笑了笑，说："我死了以后，大地就是我的棺椁，日月就是我的连璧，星辰就是我的珠宝玉器，天地万物都是我的陪葬品，我的葬具难道还不够丰厚？你们还能再增加点什么呢？"学生们哭笑不得地说："老师呀！若要如此，只怕乌鸦、老鹰会把老师吃掉啊！"庄子说："扔在野地里，你们怕飞禽吃了我，那埋在地下就不怕蚂蚁吃了我吗？把我从飞禽嘴里抢走送给蚂蚁，你们可真是有些偏心啊！"

一位思想深邃而敏锐的哲人，一位仪态万方的散文大师，

就这样以一种浪漫达观的态度和无所畏惧的心情，从容地走向了死亡，走向了在一般人看来令人万般惶恐的无限的虚无。其实这就是生命。

在20世纪，一位美国的旅行者去拜访著名的波兰籍经师赫菲茨。他惊讶地发现，经师住的只是一个放满了书的简单房间，唯一的家具就是一张桌子和一把椅子。

"大师，你的家具在哪里？"旅行者问。

"你的呢？"赫菲茨回问。

"我的家具？我只是在这里做客，我只是路过呀！"旅行者说。

"我也一样！"经师轻轻地说。

既然人生不过是路过，便用心享受旅途中的风景吧。每个人的一生都像一场旅行，你虽有目的地，却不必去在乎它，因为你的人生不只拥有目的地而已，你还有沿途的风景和看风景的心情，如果完全忽略了一路的风情，人生将会变得多么单调和无趣，活着还怎么称得上是一种享受呢？

每一道风景从眼前经过，每段缘分与自己重逢再离别，你仔细回味一番，充分享受个中的滋味，不必耿耿于怀得失，在

痛苦时想想快乐，快乐时忆苦楚，始终保持心情的平和，生命
才会充满温暖柔和的色彩。等到缘分过了，风景没了，等待你
的还有另一波风光和快乐，之前的一切便可放下，享受此刻。
开始的背后是放下，为什么人们悟不到呢？

　　时间公平地对待每一个瞬间，但人在生命的旅程中不能停
滞不前，总沉湎于过去。只有不停地向前走，才能摆脱重重阻
碍，得见白云处处、春风习习的旅行终点。

一念放下，万般自在

　　一位哲人曾说："每个人都有错，但只有愚者才会执迷不悟。"事实的确如此，生活中有两种爱抱怨的人，一种是爱抱怨别人的人，另外一种则是喜欢抱怨自己的人。前者容易清醒，后者则经常执迷不悟，一旦认为自己错了，就消沉，不再振作，让抱怨在心里生出"毒瘤"，并任由这颗"毒瘤"毁掉自己的一生。

　　在南美洲，有两个人因为偷羊而被官府抓获，官府要将他们刺字、发配。家人不想就此见不到自己的亲人，于是筹了钱款来赎他们，结果这两个人都被赎了回来，可是烙在前额的两

个英文字母ST却再也不能去掉。ST是"偷羊贼"(SheepThief)的缩写，这种刑罚在现在的人们看来有些不人道，但在当时被认为是惩罚犯罪的最佳手段，因为烙在前额上的字母永远都去不掉，所以人们要想不遭受这种羞辱，不到万不得已就不会以身试法。

可是这两个偷羊人因为一时贪心，犯下了偷盗之罪，所以就不得不带着那两个代表着耻辱标记的字母，继续在人们面前生活和工作。这对任何一个有羞耻之心的人来说，都是一种难堪，也是一种考验。

当时，在这两个偷羊人之中的一位，每天从镜子中看到自己前额上的烙印，都觉得这实在是一种奇耻大辱。他简直不能想象自己无时无处都要带着这种耻辱去面对异样的目光。他每天都不敢出门，最后终于连家里人看自己的眼神他也忍受不了，于是他移居到了另一个国家，希望到一个从来没有人认识自己的地方开始新的生活。

可是，当他来到了这个陌生的国家后，每逢碰到不认识的人时，对方仍旧会奇怪地问他这两个字母究竟是什么意思，他

的心情始终不能平静，每天都感觉痛苦不堪，终于抑郁而终。死后，有好心人按照他的遗愿将他埋在了一处荒山野岭之中。那个地方只有他一座孤坟，也许从此以后他才算免去了心头的羞辱，因为那个地方几乎没有人去。

与前面那个偷羊人不一样的是，他的那个伙伴虽然也深知自己以后的处境，而且他同样对自己过去犯下的罪行感到羞愧。可是他并没有像前面的那位一样远走他乡，而是在人们异样的目光下和一些人明里暗里的嘲讽中留了下来。他心想虽然我无法逃避偷过羊的事实，但我仍旧要留在这里，赢回我曾经亲手葬送的声誉，赢回众人对我的尊敬。

从此以后，他靠自己的双手辛勤地劳动，用自己的劳动果实来孝顺父母、养育家人，而且每当邻居有困难的时候，他都会义不容辞地主动帮助。一年一年过去，他又重新建立起正直的名誉。邻居们每逢有困难时，首先想到的就是他这个大好人，在邻居的介绍下他还娶了一位温柔美丽的妻子，并且生下了一个聪明可爱的孩子。

时间一晃而过，他的孩子也已经长大成人，而他则成了一

位白发苍苍的老人。

有一天，有个陌生人看到这位老年人头上有两个字母，就问当地人，这究竟是什么意思。那个当地人说："他的额上有两个字母，已经是多年以前的事了，我也忘了这件事的细节，不过我想那两个字母是'圣徒'(Saint)的缩写吧。"

第一个偷羊人之所以一辈子闷闷不乐，最后郁郁而终，是因为他放不下对自己的抱怨，所以面对自己已经犯下的错误，选择了逃避。而第二个偷羊人能够放下抱怨，理智地面对曾经犯下的错，并努力改正，这是一种明智的选择，因为逃避不能改变任何事情，而只会使自己的心灵受到更大的伤害。

可见，不抱怨自己，也是我们需要学习的一课。没有人是圣人，所以，没有人能够一辈子不犯错误，犯了错误不可怕，可怕的是不改正，同时还抱怨自己。因此，宽容别人的同时，也要学会宽容自己，不一味抱怨自己，这样，忧愁就会离你越来越远，而快乐则会离你越来越近。

记住：一念放下，万般自在！

心中梁木一根，放下就是舵和桨

　　我们常说，苦海无边，回头是岸。事实上，回头未必是岸，所以人要自救。有一种说法，人会身处苦海，是因为心中横亘着一根梁木，只要将这根梁木放下，就能做生命之舟的船桨，带我们离开苦海，驶向无忧的彼岸。

　　彼岸人人想去，难的，是放下。弘一法师出家时，离别了两位妻子，这万缕柔情一头牵曳着两位幽怨女子的苦心，一头牵曳着无上光明的法心，怎么斩、怎么断？可是法师毅然放下了，一去不回头。这是万缘放下自逍遥的洒脱。

　　放不下，是因为没看破。佛法在分析人生的基础上更是

看破人生。看破人生实际上是对于人生价值的肯定，因为我们只有透过醉生梦死的虚幻人生，看破功名利禄是过眼烟云，把人生的恶习一点一点克服掉，才能够显示出人生的价值。不看破这虚幻、迷惑的人生，我们人生的价值是永远不会显现出来的。看得破就能"放下"，"放下"了也就看破了，也就不再执着于小我，这样就能步入离苦得乐的解脱之道。

抚州石巩寺的慧藏禅师，出家前是个猎人，他最讨厌见到和尚。

有一天他追赶一只猎物时，被马祖拦住。这位讨厌和尚的猎人，见有个和尚干扰他打猎，就抡起胳膊，要与马祖动武。

马祖问他："你是什么人？"

石巩说："我是打猎的人。"

马祖问："那，你会射箭吗？"

石巩说："当然会。"

马祖说："你一箭能射几个？"

石巩说："我一箭能射一个。"

马祖哈哈大笑："你实在不懂射法。"

石巩很生气："那么，和尚你可懂得射法？"

马祖回答："我当然懂得射法。"

石巩问："你一箭又能射得几个？"

马祖回答："我一箭能射一群。"

石巩叫道："彼此都是生命，你怎么会忍心射杀一群？猎人虽以杀生为本，但杀取有道，这叫不失本心。"

马祖语含讥讽地问："哦，看来你也懂一箭一群的真义，可怎么不去照一箭一群的法则去射呢？"

石巩说："我知道和尚一箭一群的意思，可要让我自己去射，真不知道如何下手！"

马祖高兴地说："呵！呵！你这汉子一直以来的无明烦恼，今日算是断除了。"于是，石巩便扔掉弓箭，出家拜马祖为师。

慧藏禅师真可谓放下屠刀，立地成佛，这是慧根，是机缘，其中的因果妙不可言。杀生的猎人，转眼间就成了救世的和尚。所以说，放下，不在明天，不在后天，就在此刻。

有人想放弃什么不适合自己的东西，总是犹犹豫豫，一次一次下决心，一次一次要改过，却总没能成功。本来可救你的梁木，总横亘在心中，没有成为桨的机会。可笑，可叹，又可怜。

心里放下，方为真放下

俗话说，做人要"提得起，放得下"，这六个字说起来容易，做起来却很难。有的人是能提起，却放不下；有的人则是既提不起，又放不下。其实，只有我们放下时，才能真正把握。

赵州禅师是一位禅锋非常锐利的法王，学者凡有所问，他的回答经常不从正面说明，而要让人从另一方面去体会。

是啊！你缺少的东西，确实是你实实在在拥有的东西。你呢？看不见自己的本真，无故寻愁觅恨，怨来怨去，不知足，追求一些怎么也追求不到的东西。就像那个骑着骡子数骡子，

怎么数都少一只的人，原来他忽略了自己胯下那一只啊！

让我们一起来学会"放得下"，以此来增强我们的心理弹性，享受"放得下"的人生愉悦。敢于放下，果断放下，心里真正地放下，放下的一刹那，你会感到天地原来如此广阔，你会发现你的脚步是如此轻盈平稳，你的心房是如此安稳温馨。

放下吧，让浮躁的心归于恬淡！

功名利禄过眼忘，荣辱毁誉不上心

　　俗话说："天下熙熙，皆为利来；天下攘攘，皆为利往。"贪腐者们追求的那些东西其实不外乎身体的安适、丰盛的食品、漂亮的服饰、绚丽的色彩和动听的乐声，到头来终究是一场空而已。

　　有位信徒对默仙禅师说："我的妻子贪婪而且吝啬，对于做好事情行善，连一点儿钱财也不舍得，你能慈悲到我家里来，向我太太开示，行些善事吗？"

　　默仙禅师是个痛快人，听完信徒的话，非常爽快地就答应下来。

当默仙禅师到达那位信徒的家里时，信徒的妻子出来迎接，可是连一杯水都舍不得端出来给禅师喝。于是，禅师握着一个拳头说："夫人，你看我的手天天都是这样，你觉得怎么样呢？"

信徒的夫人说："如果手天天这个样子，这是有毛病，畸形啊！"

默仙禅师说："对，这样子是畸形。"

接着，默仙禅师把手伸展开成了一个手掌，并问："假如天天这个样子呢？"

信徒夫人说："这样子也是畸形啊！"

默仙禅师趁机立即说："夫人，不错，这都是畸形，钱只能贪取，不知道布施，是畸形。钱只知道花用，不知道储蓄，也是畸形。钱要流通，要能进能出，要量入而出。"

握着拳头，你只能得到掌中的世界，伸开手掌，你能得到整个天空。握着拳头暗示过于吝啬，张开手掌则暗示过于慷慨，信徒的夫人在默仙禅师的开悟之下，对做人处世和经济观念，用财之道，豁然领悟了。

有的人过于贪财，有的人过分挥霍，这都不是禅的应有之

处。吝啬、贪婪的人应该知道喜舍结缘是发财顺利的原因，因为不播种就不会有收成。布施的人应该在不自苦不自恼的情形下去做。否则，就是很不纯粹的施舍了。

《圣经》中有这样一句话：人降临世界的时候，手是合拢的，似乎在说："世界是我的。"他离开世界时手是张开的，仿佛在说："瞧，我什么都没有带走。"世间的道理大多都是相通的。

一个人是否追求名利，往往取决于一个人的荣辱观。有人以出身显赫作为自己的荣辱，公侯伯爵，讲究某某"世家"、某某"后裔"；有的人则以钱财多寡为标准，所谓"财大气粗""有钱能使鬼推磨""金钱是阳光，照到哪里哪里亮"以及"死生无命，荣辱在钱""有啥别有病，没啥别没钱"，等等，这些俗话正揭示了以钱财划分荣辱的现状。

以家世、钱财来划分荣辱毁誉的人，尽管具体标准不同，但其着眼点、思想方法并无二致。他们都是从纯客观、外在的条件出发，并把这些看成是永恒不变的财富，而忽视了主观的、内在的、可变的因素，导致了极端、片面的形而上学错误，结果吃亏的是自己。持这种荣辱观的人，往往会拼命地追逐名利，最终导致这些身居要职的人总是铤而走险，走向贪污、腐败的道路。攫

取这种不义之财，必然会遭受一定的报应。

　　一切功名利禄都不过是过眼烟云，得而失之、失而复得等情况都是经常发生的。要意识到一切都可能因时空转换而发生变化，就能够把功名利禄看淡、看轻、看开些，做到"荣辱毁誉不上心"。

悬崖深谷处，撒手得重生

　　禅宗认为，一个人只有把一切受物理、环境影响的东西都放掉，万缘放下，才能够逍遥自在，万里行游而心中不留一念。在圣严法师看来，"必须放下"归因于因缘的聚散无常。

　　人的聚散离合，都是基于种种因缘关系，有因必有果，"因"既有内因，又有外因，还有不可抗拒的"无常"，事情的发展不会总是按照我们的主观想象进行，沟沟坎坎不可避免，大多数时候，万事如意只是一个美好的心愿罢了。

　　适时地放开不仅是治病的良药，有时甚至会成为救命的法宝。

　　悬崖深谷得重生看似一种悖论，实际上却蕴含着深刻的禅

理。佛法中有言："悬崖撒手，自肯承担。"

　　"悬崖撒手"是一种姿态，美丽而轻盈。放手之后，心灵将获得一片自由飞翔的广袤天空，在瞬间释放与舒展。在英雄传奇与武侠故事中，我们常常看到这样的情景：集万千宠爱于一身的主角被逼到了悬崖边上，下面是湍急的流水，身后是凶悍的追兵，主角仰天一叹，回眸一笑，纵身一跃，与飞流激湍融为一体，令众人不由得扼腕叹息。但是，似乎所有的故事都没有摆脱这样的后续：崖壁上的一棵怪松，或崖下的一泓深潭，总会像母亲温暖的手掌一样，稳稳地将其托起，备受青睐的勇士们还往往能够在这常人到达不了的奇异之地意外发现千年宝藏或旷世秘籍。

　　这样的故事无意中契合了禅宗的某些观点，禅修者必须有所舍得，才能有所收获。圣严法师说："唯有能放下，才能真提起。"放得下的人，不仅要放下自己，还要放下周遭所有的一切。放下也并非完全失去自我，而是指不再存对抗心，也不再有舍不得，要随时随地对任何事物没有丝毫的牵挂或舍不得，能如此，才谈得上是自在，是解脱。

　　所谓回头是岸，岸貌似远在天涯。天涯远不远？不远。放下的时候，天涯就在面前。

收放自如，可得大自在

　　人生的境界有高有低，境界高者像一面镜子，时刻自我观照，不断自省。又像一支蜡烛，燃烧自己，恩泽四方。更像一只皮箱，提放自如，得大自在。

　　世事变幻，风云莫测，缘起缘灭，众生在岁月的洪流中渐行渐远，一路鲜花灿烂、鸟语虫鸣，也仍旧不能湮没斗转星移、沧海桑田的无常。承载与放下都非易事，都需要勇气与魄力，而做到提放自如，淡然处之，更非常人所能达到。

　　圣严法师将人分为三类：第一类，提不起、放不下；第二类，提得起、放不下；第三类，提得起、放得下。

　　第一类人占据了芸芸众生中的大多数，他们只懂享受，却从不承担，内心却又放不下对功名利禄的追求，像是寄居在荨麻茎秆上的菟丝子，攀附在其他植物之上，毫不费力地汲取着养分，却从不奉献什么。第二类人有担当，有责任心，而且往往目标明确，会一直凭借着自己的能力向上攀登，而一旦有所获得时，却舍不得放下，只会拖着越来越重的行囊，艰难上路；第三类人有理想、有魄力、有担当，而且心地坦然，头脑睿智，可攻可守，可进可退。

　　一天，山前来了两个陌生人，年长的仰头看看山，问路旁的一块石头："石头，这就是世上最高的山吗？""大概是的。"石头懒懒地答道。年长的没再说什么，就开始往上爬。年轻的对石头笑了笑，问："等我回来，你想要我给你带什么？"石头一愣，看着年轻人，说："如果你真的到了山顶，就把那一时刻你最不想要的东西给我，就行了。"年轻人很奇怪，但也没多问，就跟着年长的往上爬去。斗转星移，不知又过了多久，年轻人孤独地走下山来。

　　石头连忙问："你们到山顶了吗？"

　　"是的。"

"另一个人呢？"

"他，永远不会回来了。"

石头一惊，问："为什么？"

"唉，对一个登山者来说，一生最大的愿望就是战胜世上最高的山峰，当他的愿望真的实现了，也就没了人生的目标，这就好比一匹好马折断了腿，活着与死了，已经没有什么区别了。"

"他……"

"他自山崖上跳下去了。"

"那你呢？"

"我本来也要一起跳下去，但我猛然想起答应过你，把我在山顶上最不想要的东西给你，看来，那就是我的生命。"

"那你就来陪我吧！"

年轻人在路旁搭了个草房，住了下来。人在山旁，日子过得虽然逍遥自在，却也如白开水般没有味道。年轻人总爱默默地看着山，在纸上胡乱抹着。久而久之，纸上的线条渐渐清晰了，轮廓也明朗了。后来，年轻人成了一个画家，绘画界还

宣称一颗耀眼的新星正在升起。接着，年轻人又开始写作，不久，他就以他的文章回归自然的清秀隽永一举成名。

许多年过去了，昔日的年轻人已经成了老人，当他对着石头回想往事的时候，他觉得画画写作其实没有什么两样。最后，他明白了一个道理：其实，更高的山并不在人的身旁，而在人的心里，只有忘我才能超越。

故事中从山上跳下去的那位登山者就属于圣严法师所说的第二类人，他执着地追求着攀登上世界最高峰的荣誉，而一旦愿望实现，他却不能将之放下，再继续前行，所以他自认为只有绝路可寻；而另一位年轻人之前也有了轻生的念头，但因为不能违背对石头的承诺，所以他才有机会了悟真正的禅机——世界上更高的山在人的心里。

收放之间，人们总能不断得到提升，只有放下名利世俗的牵绊，怀有质朴自然的初心，才能不为外物烦扰，真正提起生命的意义。

得失常挂心，宠辱皆心惊

　　有一只木车轮因为被砍下了一角而伤心郁闷，它下决心要寻找一块合适的木片重新使自己完整起来，于是离开家开始了长途跋涉。

　　不完整的木车轮走得很慢，一路上，阳光柔和，它认识了各种美丽的花朵，并与草叶间的小虫攀谈；当然也看到了许许多多的木片，但都不太合适。

　　终于有一天，车轮发现了一块大小形状都非常合适的木片，于是马上将自己修补得完好如初。可是，欣喜若狂的轮子忽然发现眼前的世界变了，自己跑得那么快，根本看不清花儿

美丽的笑脸，也听不到小虫善意的鸣叫。

　　车轮停下来想了想，又把木片留在了路边，自个儿走了。

　　失去了一角，却饱览了世间的美景；得到想要的圆满，步履匆匆，却错失了怡然的心境，所以有时候失也是得，得即是失。也许当生活有所缺陷时，我们才会深刻地感悟到生活的真实，这时候，失落反而成全了完整。

　　从上面故事中我们不难发现，尽善尽美未必是幸福生活的终点站，有时反而会成为快乐的终结者。得与失的界限，你又如何准确地划定呢？当你因为有所缺失而执着追求完美时，也许会适得其反，在强烈的得失心的笼罩下失去头上那一片晴朗的天空。

　　据说，因纽特人捕猎狼的办法世代相传，非常特别，也极甚有效。严冬季节，他们在锋利的刀刃上涂上一层新鲜的动物血，等血冻住后，他们再往上涂第二层血；再让血冻住然后再涂……

　　就这样，很快刀刃就被冻血掩藏得严严实实了。

　　然后，因纽特人把血包裹住的尖刀反插在地上，刀把结实地扎在地上，刀尖朝上。当狼顺着血腥味找到这样的尖刀时，它们会兴奋地舔食刀上新鲜的冻血。融化的血液散发出强烈的

气味，在血腥的刺激下，它们会越舔越快，越舔越用力，不知不觉所有的血被舔干净，锋利的刀刃暴露出来。

但此时，狼已经嗜血如狂，它们猛舔刀锋，在血腥味的诱惑下，根本感觉不到舌头被刀锋划开的疼痛。

在北极寒冷的夜晚里，狼完全不知道它舔食的其实是自己的鲜血。它只是变得更加贪婪，舌头抽动得更快，血流得也更多，直到最后精疲力竭地倒在雪地上。

生活中很多人都如故事中的狼，在欲望的旋涡中越陷越深，又像漂泊于海上不得不饮海水的人，越喝越渴。

可见，得与失的界限，你永远也无法准确定位，自认为得到越多，可能失去也会越多。所以，与其把生命置于贪婪的悬崖峭壁边，不如随性一些，洒脱一些，不患得患失，做到宠辱不惊，保持一份难得的理智。

坦然地面对所有，享受人生的一切，得到未必幸福，失去也不一定痛苦。得到时要淡定，要克制；失去时要坚强，要理智。兜兜转转，寻寻觅觅，浮浮沉沉，似梦似真，一路行走一路歌唱。像圣严法师所言，"做一个虔诚的朝圣者，可以不拜佛不敬神，永远地感恩生活的赐予，便会获得最美好的祝福。"

有拿得起的勇气，更需要有放得下的魄力

收放自如，并非一件简单的事情。提起需要承担责任的勇气，放下也需要斩断妄念的魄力。圣严法师说人生因果不可思议，因缘不可思议，所以当收即收，当放即放。我们应该将自己的心当作布袋和尚手中的口袋，既要提得起，也要放得下。

在唐代，有一位著名的禅僧布袋和尚。一天，有一位僧人想看看布袋和尚有何修为，问道："什么是佛祖西来意？"布袋和尚放下口袋，叉手站在那儿，一句话也没说。僧人又问："只这样，没别的了吗？"布袋和尚又布袋上肩，拔腿便走。那僧人看对方是个疯和尚，也就起身离去了。哪知刚走几步，

却觉背上有人触碰，僧人回头一看，正是布袋和尚。布袋和尚
伸手对他说："给我一枚钱吧！"

　　布袋和尚放下口袋，是在警示我们要放下，随即又布袋上
肩，是在教我们拿起。其实哪里有什么放下与拿起呢？只不过
有时我们需要放下，有时需要拿起，而我们常常该拿起时拿不
起，该放下时放不下。放下时不执着于放下，自在；拿起时不
执着于拿起，也自在。不论是拿起与放下，都要有勇气，那才
真自在。

　　大多数人，总是提不起意志和毅力，却放不下成败；提不
起信心和愿心，却放不下贪心和嗔心。他们渴望成功的辉煌，
惧怕失败的窘迫，却又不能为了成功而坚定意志，付出努力；
他们热衷于享乐，渴望获得而不愿付出，一旦愿望落空，即会
怨天尤人，怨恨心搁在心中，挥之不去。这样的人，度己不
成，又不肯接受他人的教导，难担大任，期待他们去救济众生
简直是妄想。

　　布袋和尚口袋的提起放下看上去一切自然，实际上也是有
所选择的，就像是我们在修行过程中，什么应该提起，什么应
该放下，都不是灵光一现就能确定的。在这个问题上，圣严法

师为信徒们做了引导。

　　首先，要把去恶行善的心提起，把争名逐利的心放下。"诸恶莫做，众善奉行，自净其意，是诸佛教。"去恶行善是佛教的基本教义之一，行善是分内事，止恶也是该主动承担的责任。善恶的标准不能以个人的价值观为判断，而应该以佛法因果为准则。名利的纠缠如毒蛇猛兽，只要贪心起，必定会招致厄运。古语云"嚼破虚名无滋味"，真正的智者应该孑然一身，不受虚名牵绊，也不为富贵诱惑。

　　其次，要把成己成人的心提起，把成败得失的心放下。成就自己的目的是为了成就别人，只有充实了自己，才能有足够的能力去帮助别人。在充实提高的过程中，失败是难免的，要能够在成功中积累经验，在失败中吸取教训，而并不只是沉醉在成功的快乐或者失败的痛苦中不能自拔。

　　最后，要把众人的幸福提起，把自我的成就放下。佛陀的慈悲心与智慧心是所有信徒应该学习的，只有这样，才能时刻把世人的幸福挂在心上，而抛却自我的观念。

　　释迦牟尼成佛后，走在街上，遇见了一个愤怒的婆罗门。这个婆罗门对释迦牟尼有仇视的态度，他一直仇视佛教，已经到了疯狂的地步。他看到众生都这么尊敬释迦牟尼，心头更是

难受，便生出一个毒计，想害死释迦牟尼。

　　他和众生一样，跟在释迦牟尼的身后，在释迦牟尼没有注意的时候，他蹑手蹑脚地靠近释迦牟尼，趁世尊讲佛法的时候，便抓了两大把沙子，向世尊的眼睛扔去。

　　善有善报，恶有恶报。就在沙子扔出去的那一瞬间，突然来了一阵风向婆罗门吹来，沙子全部都吹到婆罗门的眼中，他疼痛不已，倒在地上。

　　他气急败坏地在地上翻滚，整个脸都涨得通红。

　　众生看到这一幕，都嘲笑他。面对这么多锐利的目光，那个狠毒的婆罗门不得不向世尊跪下。

　　这时，释迦牟尼平静而洪亮的声音响起："如果想玷污或是陷害善良的人，最终会伤害了自己，众生切记！婆罗门，你也起来吧。"

　　婆罗门听后感慨万千，也终于大彻大悟。

　　觉悟之前的婆罗门，并没有清醒地认识到什么是应该在乎的，什么是应该放下的，所以才会被自己的心魔所困，以致误入歧途。释迦牟尼面对收放已经自如自在，所以才能够平静面对心怀不轨的婆罗门，并诚恳地教诲他，使婆罗门得以开悟。

　　圣严法师提醒我们："要放下散乱的心，提起专注的心；放下专注的心，提起统一的心；放下统一的心，提起自在的心。唯有这样，才能放松身心，提起正念，彻底放下，从头提起。"

第五章

放下输赢天地宽

人生难有真圆满，输赢得失且笑看

在河的两岸，分别住着一个和尚与一个农夫。

和尚每天看着农夫日出而作、日落而息，生活看起来非常充实，令他相当羡慕。而农夫也在对岸，看见和尚每天都是无忧无虑地诵经、敲钟，生活十分轻松，令他非常向往。因此，在他们的心中产生了一个共同念头："真想到对岸去！换个新生活！"

有一天，他们碰巧见面了，两人商谈一番，并达成交换身份的协议，农夫变成和尚，而和尚则变成农夫。

当农夫来到和尚的生活环境后，这才发现，和尚的日子一

点也不好过，那种敲钟、诵经的工作，看起来很悠闲，事实上却非常烦琐，每个步骤都不能遗漏。更重要的是，僧侣刻板单调的生活非常枯燥乏味，虽然悠闲，却让他觉得无所适从。于是，成为和尚的农夫，每天敲钟、诵经之余都坐在岸边，羡慕地看着在彼岸快乐工作的其他农夫。

至于做了农夫的和尚，重返尘世后，痛苦比农夫还要多，面对俗世的烦忧、辛劳与困惑，他非常怀念当和尚的日子。

因而他也和农夫一样，每天坐在岸边，羡慕地看着对岸步履缓慢的其他和尚，并静静地聆听彼岸传来的诵经声。

这时，在他们的心中，同时响起了一个声音："回去吧！那里才是真正适合我的生活！"

其实，人生不需要太圆满，有个缺口让福气流向别人也是件很美的事。而面对这不圆满的人生最重要的是要有知足之心，能够笑看输赢得失。以下几个方面可助你达到这种境界：

1. 赞美孤独

笑看输赢的人总是能够给自己留出时间，享受独处的欢乐，整理往事、展望前程，想象未来的美好生活。内心贫乏的人，生性急躁，喜欢喧嚣和热闹，一刻也离不开从他人眼中寻找自己赖以生存的保障，独处将备感寂寞，但自身环境又窄得令人窒息。笑看输赢的人，独自承受个性滋润、修身养性。他享受宁静和孤寂，在反省中看见自身的不足。他把自己准备得很充分，再投入步调紧凑的生活中去。

2．帮助他人而不求回报。笑看输赢的人发自真心帮助别人，不计较名利，因为他知道奉献能让自己的内心充满快乐，更加丰盈。

3．笑看输赢。笑看输赢的人不计较得失，因为他相信相对于整体而言，损失的不过是小小的局部。他们不会耿耿于怀，不会老是对自己怨艾和指责。知道谁都有犯错的时候，他们勇于承认错误，并宽恕自己和他人，他只是采取行动来挽回损失。满心喜悦地做着自己能力范围内的事。

4．放弃"多多益善"的想法。人的欲望是无穷的，倘若不断追求物质上的"更多、更好"，那么精神上永远不会得到满足。

总之，懂得每个人的生命都有欠缺，笑看人生中的输赢得失，同时珍惜自己所拥有的一切，你慢慢地会发现自己所拥有的其实很多。

输赢只是暂时

古往今来，胜负乃兵家常事，一次成功并不等于一辈子成功，一次失败也不意味着今生的失败，输赢只是暂时的，只有看淡成败才能最终取得胜利。商界名人胡雪岩就是这么一位不在乎输赢的大人物。

太平天国运动初期，胡雪岩听说了京城里发行官票的消息。其实，消息并不是直接传到胡雪岩耳朵里的，而是与胡雪

岩有一定交情的刘二爷在路上遇到了钱庄的刘庆生。当时刘庆生手里拿着两张从京城传出的新发行的银票，就叫刘二爷见识了一下。刘二爷一看，坏了。这肯定是朝廷为了凑军饷而想出来的一种敛财招数。如果钱庄应付不当，不仅会有损失，甚至会有灭顶之灾。

刘二爷拿了银票，赶紧与邻近的钱庄老板会合，去找胡雪岩商议，胡雪岩仔细看了一下银票，说："各位如此紧张，就是因为这件事如果应对不好，就可能给大家带来灾难。在我看来，各位都把成败看得太重了。我们一手创建这钱庄，虽然不容易，毕竟也是意外之财。咱们之中，开始的时候，谁曾有万贯家财？如果真的失败了，也不过是回到了原点，何必那么紧张呢？"看看众人都面色沉重，胡雪岩接着说："都说乱世出英雄。越是乱的时候，就越有机会。有其弊必有其利。如果各位都看不开成败，不敢放手一搏，那么也只能让赚钱的机会在我们眼皮子底下溜走了。"

刘二爷等人也是明白人，听了胡雪岩的这番话，觉得很有道理，自觉获益匪浅，于是，他进一步向胡雪岩请教其中

的道理。胡雪岩就此提出了自己的看法。他觉得官府发行这种银票，无非是想凑齐了银子对付太平军。眼下，太平军只甘于守城，虽然战斗力很强，但是势头不盛。官军中有曾国藩、左宗棠二人带兵，自然不可小觑，再加上洋人的相助，官军必胜无疑。如果钱庄能够助官军一臂之力，那么等到胜利了，无论是做什么生意，朝廷都会一路放行的，哪还有不发财的道理？

众人觉得胡雪岩分析得很透彻，就委托他做代理，处理新银票发行的所有事宜。朝廷向钱庄发放银票的两天后，胡雪岩很快将官府所需的20万两银子凑齐了，在兵荒马乱的时代里，钱庄能够出现如此支持朝廷政令的景象，让官员们很是吃惊，大家都对胡雪岩很佩服。自此，胡雪岩不仅在同行里得到敬重，在朝廷里也颇具影响力。

胡雪岩在事业上发展的过程中，并不是一帆风顺的，做什么事情都能一本万利，更不是他有十足的预测能力，能够洞悉一切事物的结果，而是他在做的时候，能够看淡成败，不惧前方的困难险阻，只要认准了目标，就能勇敢地前行。

相比之下，很多人都把成败看得太重了，顾虑太多。有的

人想换一个新环境，新工作，可是又害怕自己在新的工作中表现不好，业绩不如从前，所以一直没有行动；有的人得了很多奖，也得到了很多人的肯定，可是越是这样压力越大，因为害怕失败，害怕从万人瞩目的高位上掉下来……我们越是小心翼翼，越是可能被心中的担忧拖垮。不如看淡成败，放手一搏。尽管存在着风险，但是会抓住更多的机会，获得更大的发展。

　　一个人最重要的是要有富足之心，能够笑看输赢得失，这样的人拥有足够的信心实现梦想。那么，怎样才能不被成败困扰呢？在此，我们总结了一些方法：

　　方法一：帮助他人而不求回报。笑看输赢的人愿意帮助他人，不求名、不求利、不要求回报。他会在风险的过程中实现自己内心的满足。

　　方法二：不自怨自艾。笑看输赢者对损失看得很淡。他们不会怨恨别人和自己，而只是采取行动来挽回自己能力范围内的事。

　　方法三：放弃"多多益善"的想法。只要你拥有"多多益善"的想法，认为物质生活"越多越好"，你就永远不会满足。

　　总之三百六十行，无论从事那一个行业，总会有竞争，总会有成败，在事业中沉浮，在经验中成长，这才是一个成熟的人的人生轨迹，要知道输赢只是暂时的，重要的是从中汲取经验和智慧。

时时勤拂拭，越过人性三重门

　　佛门中人要求戒色戒欲等，其中的这些"戒"就是人生旅途中的关隘。不同阶段有不同的关隘，人生最难过的是君子三戒：少年戒之在色，男女之间如果有过分的贪欲，很容易损伤身体；壮年戒之在斗，这个斗不只是指打架，而指一切意气之争，如事业上的竞争，处处想打击别人，以求自己成事立业，这种心理是中年人的毛病；老年人戒之在得，年龄不到可能无法体会。曾经有许多人，年轻时仗义疏财，到了年老反而斤斤计较，钱放不下，事业更放不下，在对待很多事情上都是如此。

青年时代，最具吸引力的是异性，最令人神往的是爱情，最难以节制的是情欲。饮食男女，原本无可厚非，但一旦过分便会贻误终生。

到了壮年，名誉、地位、权力、财富，都匍匐在脚下，但又不是可以无限开采的资源，进退、得失、上下、去留，现实残酷地摆在每个人的面前。于是，争中有斗，斗中有争，争斗之中，用尽了心计，阴的、阳的，明的、暗的，文的、武的，君子的、小人的，三十六计、七十二招数……无所不用其极。斗争中的人生又何谈恬淡的乐趣？

及至老年，一切皆已定局，再发展已无能为力。这时，一个"得"字，害人匪浅。在乎已得，对待事业，就会无所用心，意志衰退，贪图享受，得过且过；对待官职，就会恋恋不舍，把玩不已，不肯让位。在乎未得，就会眼红心跳，孤注一掷，猛捞一把，贪得无厌。"59"岁现象，发人深省。

三戒如同人生三个关隘，闯过去，便是踏平坎坷成大道；闯不过，便是拿了一张不合格的人生答卷，轻则半生虚度，重则一生荒废，甚至坠入万劫不复的深渊。

有一座泥像立在路边，历经风吹雨打，它多么想找个地方避避风雨，然而它无法动弹，也无法呼喊，它太羡慕人类了，

它觉得做一个人，可以无忧无虑、自由自在地到处奔跑。它决定抓住一切机会，向人类呼救。

有一天，智者圣约翰路过此地，泥像向圣约翰发出呼救。"智者，请让我变成人吧！"圣约翰看了看泥像，微微笑了笑，然后衣袖一挥，泥像立刻变成了一个活生生的青年。"你要想变成人可以，但是你必须先跟我试走一下人生之路，假如你受不了人生的痛苦，我马上可以把你还原。"智者圣约翰说。

于是，青年跟智者圣约翰来到一个悬崖边。"现在，请你从此岩走向彼岩吧！"圣约翰长袖一拂，已经将青年推上了铁索桥。青年战战兢兢，踩着一个个大小不同的链环的边缘前行，然而一不小心，一下子跌进了一个链环之中，顿时，两腿悬空，胸部被链环卡得紧紧的，几乎透不过气来。

"啊！好痛苦呀！快救命呀！"青年挥动双臂大声呼救。"请君自救吧。在这条路上，能够救你的，只有你自己。"圣约翰在前方微笑着说。青年扭动身躯，奋力挣扎，好不容易才从这痛苦之环中挣扎出来。"你是什么链环，为何卡得我如此痛苦？"青年愤然道。"我是名利之环。"脚下铁链答道。

　　青年继续朝前走。忽然，隐约间，一个绝色美女朝青年嫣然一笑，然后飘然而去，不见踪影。青年稍一走神，脚下又一滑，又跌入一个环中，被链环死死卡住。可是四周一片寂静，没有一个人回应，没有一个人来救他。这时，圣约翰再次在前方出现，他微笑着缓缓道："在这条路上，没有人可以救你，只有你自己自救。"青年拼尽力气，总算从这个环中挣扎了出来，然而他已累得精疲力竭，便坐在两个链环间小憩。"刚才这是个什么痛苦之环呢？"青年想。"我是美色链环。"脚下的链环答道。

　　经过一阵休息之后，青年顿觉神清气爽，心中充满幸福愉快的感觉，他为自己终于从链环中挣扎出来而庆幸。青年继续向前走，然而没想到他又接连掉进了欲望的链环，嫉妒的链环……待他从这一个个痛苦之中挣扎出来，已经完全疲惫不堪了。抬头望望，前面还有漫长的一段路，他再也没有勇气走下去。

　　"智者！我不想再走了，你还是带我回原来的地方吧！"青年呼唤着。智者圣约翰出现了，他长袖一挥，青年便回到了路边。"人生虽然有许多痛苦，但也有战胜痛苦之后的欢乐和

轻松，你难道真愿意放弃人生吗？"智者说。"人生之路痛苦太多，欢乐和愉快太短暂、太少了，我决定放弃做人，还原为泥像。"青年毫不犹豫地说。智者圣约翰长袖一挥，青年又还原为一尊泥像。"我从此再也不受人世的痛苦了。"泥像想。然而不久，泥像被一场大雨冲成一堆烂泥。

人的一生需要迈过的门槛很多，稍不留神我们就会栽在其中一道坎上。不过对于绝大多数人，或许最重要的则是迈过金钱、权力与美色三道坎，就像孔子所说的"人生三戒"一样。

其实，无论你处于什么阶段，这"三戒"的内容，都应当牢记在心，"时时勤拂拭，莫使惹尘埃"。以"礼"约束，用理性的缰绳去约束情感和欲望的野马，达到中和调适，便能顺利走过人生的几个关口。

生死如来去，重来去自在

　　面对生命，圣贤之辈没有觉得活很痛快，也没有认为死很痛苦，生死已不存在于心中。"生者寄也，死者归也。"活着是寄宿，死了是回家。明白了生死交替的道理，就懂得了生死。生命如同夜荷花，开放收拢，不过如此。

　　庄子到楚国去，途中见到一个骷髅，枯骨突现原形。庄子用马鞭从侧旁敲了敲。于是问道："先生是贪求生命、失去真理，因而成了这样呢，抑或你遇上了亡国的大事，遭受到刀斧的砍杀，因而成了这样？抑或有了不好的行为，担心给父母、妻儿子女留下耻辱、羞愧而死？抑或你遭受寒冷与饥饿的灾祸

而成了这样？抑或你享尽天年而死去成了这样？"

庄子说罢，拿过骷髅，当作枕头而睡去。

到了半夜，骷髅给庄子显梦说："你先前谈话的情况真像一个善于辩论的人。看你所说的那些话，全属于活人的拘累，人死了就没有上述的忧患了。你愿意听听人死后的有关情况和道理吗？"

庄子说："好。"

骷髅说："人一旦死了，在上没有国君的统治，在下没有官吏的管辖；也没有四季的操劳，从容安逸地把天地的长久看作时令的流逝，即使称王快乐，也不可能超过。"

庄子不相信，说："我让主管生命的神来恢复你的形体，为你重新长出骨肉肌肤，返回到你的父母、妻子儿女、左右邻里和朋友故交中去，你希望这样做吗？"

骷髅皱眉蹙额，深感忧虑地说："我怎么能抛弃称王的快乐而再次经历人世的劳苦呢？"

相传六祖慧能禅师弥留之际，众弟子痛哭，依依不舍，大家都将他视为再生父母。六祖气若游丝地说："你们不用伤心

难过，我另有去处。"

"另有去处"四个字，发人深省。慧能把死当作了一段新的旅程，不但豁达、开朗，而且使生命在时间、空间的价值得以继续延伸，远胜过有些人虽然活着却只有华美装饰的躯壳而无真我的风采！

禅的哲学注重真我，所谓真我就是人的精神，也是天地之正气。真我从根本上来说，就是人之所本。人类的文化宝藏，哲学、科学、宗教、教育和任何思想情感等，其实都是由无数真我的延续、不断地累积而成的。这些真我，数千年迄今，其实都是活生生地影响着我们的生活，造福于人类，这些真我并没有死去。

禅宗有关超越生死的看法，很值得今天还看不透人生、想不通生活或对死亡心存畏惧的人参考借鉴。禅宗来去自在，生死也有如来去。参透这一玄机，我们就不必天天再为生老病死而恐惧不安，或对于家庭亲朋甚至世间的虚华富贵有所舍不得，至少可以活得开心一点，快乐一些。

有生必有死，有得必有失，生死是人生必经的旅程，不要把死看作终结，也可以同慧能一样，走向"另一个去处"。

一花一世界，一叶一菩提，生命的收与放，本质都是一样

的。面对生死，悠然自得，便是真正懂得了生命。正如丘吉尔谈及死亡，他说："酒吧关门的时候，我就离开。"

看透死亡，就会达到一种全新的人生高度，站在这个高度上俯瞰生命中的所有悲喜成败、烦恼纠葛，人心中会自然生出一种"会当凌绝顶，一览众山小"的感觉。凭借这种胸怀和气魄，做事又怎么会不成功呢。

放下是一种坦然

放下一份自私获得一份坦诚，放下一份懦弱获得一份勇敢，在人生中成功的人懂得放下，失败的人越是想放却越是放不下，太多的害怕让他们不敢放下，只能躲在角落里自悔自恋，也有人学会了放下，以一种重获的新生开始自己的再一次尝试，一次二次，无数次他放下成败，放下自我，用自己的经验获得了让所有人都瞩目的成功！

很多人不得其法，总是在道路中来来回回，面对众多的选择，不知道是哪个好，哪个不好了，大智慧的人知道都好，那就果断地选一条路往前冲吧，可是在哪一条路上都布满人生坎坷，没有一帆风顺的路，越是这样我们就要越有决心走下去，舍得了那么多如果再学不会放下，不够专心去看待这条路，也难免会让你误入歧途，成为别人的脚踏板。

年轻时的慧远禅师云游之时遇到了一位极爱抽烟的行人，两个人谈得十分投机，那个抽烟的人就送了一些烟管和烟草。慧远知道这东西不好，把玩了一会儿，虽然喜欢但是还是舍得了。这一次的事情使得他到后来经常会为一些东西迷惑，而且迷途不知归返。

慧远虽然懂得了舍得，却总是心里放不下，看见什么都喜爱，一喜爱也就再没有心思去考虑那些什么禅道了，后来大师见了就说他，做人啊，不能三心二意，要拿得起放得下，心若跑了，什么事都做不得的，慧远听到了大师的教诲，心里很是感激，就放下了一切与禅无关的东西，终于成了禅宗高僧。

当我们在选择的路口中，舍得了那么多，选择了一条我们想要去做的，就得全心全意地付出，如果发现了自己的所作所为偏离了目标，也要及时返回，因为当你放不下这些你取得了一点成绩的东西，结果一心两用，那么你将什么都得不到，什么都将是一无所获。

我们每一个人都要正确地面对自己选择的目标，为了自己的目标奋力直追，看着别人的成就时也不必眼红，即使自己这方面比别人强，但是这不代表你就比别人做得好，因为他们一开始就选择了这些，虽然表现上还未达到最高境界，但是只要用心专一他们就会取得成就，而你若是贪图别人的成就，把自己定的目标分出一半心思放在这个你不能放下的工作中去，那么你又怎么能去获得更高的人生感悟呢？

在每一条道路中，只有学会放下，学会专一，才能得到更多的精力与时间去为这件事参考，去研究，才能获得更多的事业成就与人生最高境界的理解与感悟。

放下

放下是一种大智慧，只有学会放下了，你才知道自己做的东西是如此少，为了这么点东西付出了你一生的精力，这个时候你就会很自然地去珍惜它，去呵护它，然后看到它开花结果，看到它耀眼于世。

有一次，慧云早上打水的时候，他忘记了去拿那个新桶，当他来到小河旁边的时候才发现自己的大桶是破的，上面有一个小洞，要是这样担一满桶水的时候，就会露掉一半，他不知道该怎么办了，于是坐在河边发愁。

仪山禅师看到慧云还没有回来，就沿着小路去找他，当发

现他坐在河边什么都没有干，又看了看河边的旧木桶，他就明白了，来到慧云的旁边对他说："你这样坐着到了中午也没有解决的办法啊，由于你不懂得放下，何不拿着木桶去担水回去呢，虽然只有半桶了，你却可以帮助那些枯萎的小花得到新生啊，你这样什么都不干，反而时间浪费了，水也浪费，如果放下，学会珍惜，那么你做的事价值也是无限的大。"

弟子听后若有所悟，于是将自己的法名改为"露水"，这就是后来非常受人尊重的"露水和尚"。

露水和尚后来弘法传道，有人问他："请问世间什么功德最大？"

"露水！"露水和尚回答。

这个人又接着问："虚空包容万物，什么可包容虚空呢？"

"露水！"

露水和尚从此把心和滴水融在一起。在他眼里，一滴水中也有无尽的时空了。

当我们放下所有，选择它的时候，我们就会知道它对我们来说是多么珍贵，当我们对它有了一定的认识的时候，我们就

会发自内心地感到满足，感到兴奋，不是所有的成功都来得很容易，每一件成功都是通过自己的努力一点一滴获得的。

当我们困惑时，何不放下心来，不要去细想它，只要记得付出了，就等于获得了，付出多少就会有多少获得，虽然有些获得不是你想要的那种结果，但是发挥了它最大的用处，放下心中的烦恼，学会珍惜生命，珍惜时间，这才是人生之道。

只有放下才能释然

　　放下是一种解脱，当你为一件事而痛苦的事候，不妨把它放下，放下了才能释然，放下痛苦就能获得快乐，放下是一种解脱，只有停下自已已抬不起的脚步，放下那个纠缠不清的事件，不要再去期望，不再要去挣扎，放下了才能新生。

　　有一个故事，一位同学的母亲去世了，她心情不好，连课都不想上，只想着母亲有多难、多苦，来人劝说她也不听，有一位聪明的孩子看到这些，突然想到了一个办法，他拿起手中的杯子，问所有的人："你们认为这杯子的水有多重啊？"同学们有的说20克，有的说50克，而他说："这杯水的重量并

不重要，重要的是你能拿多久？"看到大家都没有答案，他又说："拿一分钟或许大家都不会有什么问题，但是拿一小时呢？拿一天呢？所以我们同情这位同学的事情，但是不能为这件事而哭一个星期还不好，如果一直这样下去，你的母亲也不会安心啊，这样做到底值不值得呢？人要学会放下，然后慢慢地习惯，既然事实不能改变了，我们何不去改变自己呢？或许这样会更好一些。"那位同学听到这些，恍然大悟，马上就不哭了。

是啊，一杯水的重量虽然一样，但是相对拿起的时间，它就有着不同的重量了，同样的道理，人在各种精神压力下不懂得放下，也不愿意放下，一天天地把精神崩得紧紧的，每天回家都喊着累，生活事业结果处理得一塌糊涂。

以潇洒心态看人生的输赢得失

输与赢只在我们心中，只有一线之隔。能够悟透得失的人，才会有快乐的人生。

其实，人生就是输赢循环的过程，适时地放弃一些东西，才能获得更珍贵的东西。

不要太在乎一时的输赢，微笑着去唱生活的歌谣，不要埋怨生活中有太多苦难，不要抱怨生命中有太多曲折，调整心态，乐观、平静地面对，你会发现你的命运其实也不赖，你的人生也同样精彩。

人生在世，只要接触到事物就一定会有比拼，上学时成

绩是你的见证，工作时业绩是你的见证，生活时家庭是你的见证，而这些比拼难免就会有输有赢，面对自己的成就不必失落，也不必痛苦，马有失蹄，人有失手，所以不必计较这些得失，而是输了就付之一笑，继续再来。赢了也要平淡对待，在输赢中找到过程中的快乐，找到人生的意义。

输赢是一种历程：没有一个人生下来就是赢家，也没有说是从来都在失败，无论做什么都要潇洒对待，坦然面对，通过竞争比拼看到自己的不足与优点，并且以一种快乐的心态享受自己在比拼中的那种精神，那种潇洒。

有位名人曾经说过：不要感叹自己缺少什么，能够放下自己手里拥有的东西的人，才是一个真正有智慧的人。

有一个人，因为放下一只股票，而成为百万富翁。

他现在已经是60多岁的老人了，原来的职业是推销员，他曾在1987年买了3000股EMC公司的股票。过了不久，他卖掉了三分之二的股票，而剩下的1000股股票他忘得一干二净。后来，EMC公司因无法找到事主，将股票证书交给马萨诸塞州财政厅处理。又过了一段时间，州财政厅终于把这批"没人认领的股票"还给了他。作为一个老股民，他怎么也没想到，由于

EMC公司股价飙升，他已忘记的1000股股票现已升至380万美元。

因为放下，反而得到了。当我们放下某些东西，轻装上路，开始新的生活，寻找人生另一份生活空间时，生活也许就在我们放下某些东西的同时，已经悄然改变。人生易老，物换星移，也许有一天，我们会为及时放下人生中的某些东西而万分庆幸。

在快节奏的现代生活中，人们时常被名利所扰、被输赢所困、被怒气所伤，虽然心里承载着"健康第一，快乐至上"的信念，但舍本逐末的行为还是时常上演。

有句古话："以恕己之心恕人，以责人之心责己。"这句出自中国启蒙读物《千字文》的话语虽然流传了几千年，但今天能解读其中道理并身体力行的人可谓凤毛麟角。每当遇到"不快事"时，许多人要么大动肝火，要么心生闷气，最终不仅惹得鸡犬不宁，而且扭曲了自己的心态，于是在"是可忍，孰不可忍"的悲愤中蹒跚行走。

其实，生命中的"拥有"是很平常的，而"失去"也是正常的。如果你紧紧抓住失去不放，得到就永远也不会到来。只有放下失败，方能抓住成功，就可以让生命重放光彩，而这一

切，都需要你有一颗淡泊名利得失，笑看输赢成败的平常心。

懂得用平常心去看待人生中起起落落的人，不会因为一次的得失而否定彩虹的存在，这样就可以笑看得失成败，享受平安快乐的人生。漫漫人生路上不可能永远一帆风顺，总会有高有低，有时候，失去也未必是坏事。没有昨天的失，也许未必有今天的你。条条大路通成功，这条路不通，不妨拐个弯，也许柳暗花明又一村。不要一条胡同走到黑，做人要懂得变通，懂得如何"灵活走位"。当你很努力用心地去做一件事，结果纵然不尽如人意，也不必怨天尤人，人生最重要的是无怨无悔，别把成败得失看得太重。

生活中，常会看到有些人总是郁郁寡欢，原因就在于他们很少能想到自己已经拥有的，却总是想着自身所没有的。总觉得自己拥有的微不足道，抱怨自己所没有的，人当然就无法快乐起来。人生不顺心的事难免会发生，但快乐的人不会将这些装在心里，他们没有忧虑。其实，快乐就是珍惜自己已经拥有的一切。一个笑看得失的人，总是深信自然和自己的潜能足以实现任何梦想，真正有效的成功者只在自己的成功中追求卓越，而不把成功建立在别人的失意上；能够笑看输赢的人，总是非常乐意去帮助他人，不求名利不求回报。聪明的人知道从

内心里献出的东西，依旧会从内心里产出来，它就像自己的一家能源工厂，生产力很高，永远能提供给自己最大的满足。

一颗淡泊心面对生活，一颗宁静心品味生活，一颗平常心对待得失，一颗感恩心笑看成败，一颗顽强心直面挫折，过去不代表现在，现在也不代表未来。

总之，人生的输赢，不是一时的成败所能决定的，今天赢了，不等于永远赢了；今天输了，只是暂时还没赢，不代表以后就不能赢。

做个勇敢的阿喀琉斯

　　《荷马史诗》中歌颂的英雄——海中女神忒提斯之子阿喀琉斯，他俊美、敏捷。命里注定他或是荣耀却短命，或是庸碌而长寿，他选择了前者。特洛伊战争前夕，水神苦苦劝说自己的儿子不要前去参战，不然就会丧命在这场战争之中，但阿喀琉斯明知自己不能从特洛伊战争中生还，还是毅然参战。即使是面对敌人赫克托尔的"忠告"，他还是说"我的死亡我会接受"。他是希腊军队中最杰出的将领，因其主帅阿伽门农夺走他的女俘布里塞伊斯，他拒绝参战。特洛伊人乘机进攻，他的好友帕特罗克洛斯为挽救希腊军队，披挂他的铠甲上阵，不

幸战死。他悔恨自己的执拗，与阿伽门农和解，重新出战，大败特洛伊人，杀死特洛伊主将赫克托尔。其后，阿喀琉斯被帕里斯射中脚踝而战死疆场，他亦成了古希腊人民心中永远的英雄。

做个勇敢的阿喀琉斯，明知自己会战死沙场，也要前去一搏，不管他是为了自己的国家，还是为了超越自我，或者为了荣誉而战，但起码在命运面前他不愿妥协，宁可战死沙场也不接受命运的摆弄。虽然最后他死了，但他的灵魂——不相信命运、做自己主人的精神永远活在后人心中。

我们的命运到底应该由谁来掌握？对一个敢于面对生活的强者来说，命运永远都掌握在自己手中；对一个不敢面对生活的弱者来说，命运永远掌握在别人的手里。所以说，只有掌握自己命运的人，才是一个成功者。

诗人亨雷曾经写下了一句富有哲学意义的话："我是我命运的主宰；我是我灵魂的船长。"这句话告诉我们：我们要做自己的主人，要掌握自己的命运，因为我们有能力控制我们的思想。

其实，命运是与我们一同存在的。有的人觉得它深不可测，所以就敬畏它的神秘；有的人认为它来去无踪，所以畏惧

它的无常；抑或由于它的怪诞而俯首听命，任由它的摆布。

　　当我们走到生命的尽头之时，当我们回首往事之时，才会发现其实命运有一半在我们的手中，而另一半才在上帝的手中。在这个时候，不管我们做出多大的忏悔，我们都会感叹时光不再。所以，在我们还年轻的时候，一定要多努力一点，只有我们发愤图强，掌握在我们自己手中的那一半命运才会更强大，我们的获得才会更丰硕。

　　值得强调一点的是，哪怕我们的形体将融入自然，我们也不要彻底绝望，因为在我们走过的漫长人生旅途中，毕竟我们自己还拥有另一半的命运。在我们成功的时候，我们也要清楚地认识到我们的命运还有另一半握在上帝的手中，所以我们要记得谦虚，要记得不要得意忘形。

　　所以，在我们的一生中，我们一定要利用好自己手中的一半命运，去获取上帝手中的另一半命运。这样才能不断地走向成功，也就是不断地与命运抗争。

　　如果用一句话来说，我们就是在与自己抗争，在与自己的命运搏斗，最终我们做了自己的主人。

　　你可曾想过，你便是自己人生的剧作家，也是导演和演员。因此，你可以在影片上演期间随意更改剧情。

　　所以，我要告诉大家：你永远是自己的主人，不管是你懦弱还是勇敢。只是当你懦弱的时候，你是一个愚蠢的主人，错误地管理着自己的"家产"。只有当你勇敢地为自己的生命负责并为之奋斗不息时，你才称得上是一名聪明的主人了。做自己的主人，就要做一个聪明的主人，并敢于在生活中付诸行动。

　　做自己的主人，就是创造自己生命的奇迹，是修炼自己完善的人格魅力，是时刻抓住命运的缰绳，是做自己的救世主，是怀揣一个追求成功的梦想，是保持自我本色，是把握自己职场的命运，是不断超越自我，是做一个成功而真实的自己。

　　人的一生中，会遇到这样那样的不幸、苦难和困惑，但只要我们在绝境中不屈服，敢于驾驭自己的命运，挖掘自身的潜能，并不忘记享受生活的美丽，学会坦然，学会乐观，自己设计自己的人生路，不做生活的奴隶，做一个快乐而成功的自己，那么，我们的人生就会如繁星一样灿烂多彩。